甘肃省精准扶贫丛书·林果系列

HE TAO

核桃

李建红 编

甘肃科学技术出版社

图书在版编目（CIP）数据

核桃 / 李建红编. -- 兰州 : 甘肃科学技术出版社, 2018.5
ISBN 978-7-5424-2583-6

Ⅰ. ①核… Ⅱ. ①李… Ⅲ. ①核桃－果树园艺 Ⅳ. ①S664.1

中国版本图书馆CIP数据核字(2018)第091575号

核桃

李建红　编

责任编辑　韩　波
封面设计　魏士杰

出　版　甘肃科学技术出版社
社　址　兰州市读者大道568号　730030
网　址　www.gskejipress.com
电　话　0931-8125103　（编辑部）　0931-8773237　（发行部）
京东官方旗舰店　https://mall. jd. com/index-655807.html

发　行　甘肃科学技术出版社　印　刷　甘肃发展印刷公司
开　本　889mm×1194mm　1/16　印　张　6.5　字　数　103千
版　次　2020年12月第1版　2020年12月第1次印刷
印　数　1~1000
书　号　ISBN　978-7-5424-2583-6
定　价　28.00元

《精准扶贫林果科技明白纸系列丛书》

编　委　会

本 册 编 者： 李建红

前 言

甘肃省是一个森林植被稀少、生态环境脆弱、省域经济落后、群众贫困面大的省份，面临着生态安全屏障建设和精准扶贫攻坚两大艰巨任务。林业科技在生态文明建设中如何把生态建设与扶贫攻坚有机结合，成为我们的重要课题。

甘肃省在中国一级行政区划中，是唯一占有三大自然区［即东部季风区(黄土高原)、西北干旱区(内蒙古高原)与青藏高原区］各一部的省份。从水域分布来看，甘肃省是中国同时包括了长江流域、黄河流域和内陆河流域在内的省份。从气候过渡性来看，甘肃省是中国同时包括北亚热带、暖温带、温带、寒温带等在内的省份。在全省14 个市(州)从东南至西北跨度1650km 长的空间内，同时有枣树、枸杞、苹果、李、杏、桃、葡萄等栽培分布。除甘肃省外，中国没有任何其他省区同时具有这些特点，这些特点优势，同样为深入研究这些特色果树提供了理想的场所和条件，是中国研究这些果树及其产业发展和示范推广的理想基地。

在甘肃南部的白龙江、白水江流域干热河谷区还是中国木本油料——油橄榄、核桃的最佳适生区，同时，也是品质最好的调味品花椒的适生区。甘肃南部文县碧口、中庙，康县阳坝，武都区洛塘所辖区域，还是中国茶叶分布最北缘且品质最好的产区之一。天水、庆阳、平凉等地是中国苹果的重要产地之一。

在《国务院办公厅关于进一步支持甘肃经济社会发展的若干意见》(国办发〔2010〕29 号)中指出：“甘肃要突出发展特色优势农业，积极发展油橄榄、核桃、花椒等地方特色产品；陇南等特殊困难地区要加快发展以中药材、油橄榄、核桃、花椒为主的特色农业，增强自我发展能力。”发展特色产业，培育“比较优势”。林果业是甘肃传统的优势产业，也是最具市场优势和发展前景的朝阳产业之一。甘肃紧紧抓住国家扶持甘肃加快发展的良好机遇，以甘政办发［2010］218 号文件的形式下发了《甘肃省人民政府办公厅关于印发甘肃省1000 万亩优质林果基地建设发展规划(2010-2012 年)的通知》，规划围绕促进农民增收六大行动，以“兴林、富民、强县”为目标，对甘肃省特色林果树种苹果、花椒、核桃、葡萄、枣、梨、杏、枸杞、桃、油橄榄、甜樱桃和银杏等的基地建设和产业发展进行了规划。

为贯彻习近平总书记“着力加强生态环境保护，提高生态文明水平”和“绿水青山就是金山银山”重要指示要求，中共甘肃省委、甘肃省人民政府下发了《关于打赢脱贫攻坚战的实施意见》《甘肃省“十三五”脱贫攻坚规划》总体部署，甘肃省林业厅将退耕还林、三北防护林、天然林保护、特色林果产业、自然保护等五项重点工程，尤其是做好特色林果产业，确定为生态扶贫精准扶贫的重点工作。做好特色林果产业发展，不仅可以带动贫困群众增收，更是保护生态的有效抓手。大力整合资源、集中力量、持续推进，极大地调动了农村贫困人口的脱贫积极性，有效提升了贫困群众的脱贫能力，提高了群众的生活质量，改善了人居生态环境。

为进一步满足特色林果产业扶贫的需要，加大特色林果产业扶贫的力度，宣传甘肃省特色林果品牌，推广先进实用生产技术，我们组织甘肃省内20 多位林果生产一线专家和技术人员，按照指导实践、通俗易懂的原则，从林果产业发展实际出发，紧紧围绕甘肃省的优势林果产业和特色产品，以关键技术和先进实用技术为重点，以通俗易懂的语言、图文并茂的编排、精致的微课堂视频，编写了一套《甘肃省精准扶贫丛书·林果系列》科技明白纸12 册，并邀请甘肃省林业科学研究院、农业科学研究院、农业大学和基层生产一线的林果专家进行了审定。

真诚希望《甘肃省精准扶贫丛书·林果系列》，能够为甘肃省精准扶贫、生态脱贫和特色林果产业的发展提供智力支持，能够为帮助广大果农提升生产水平和脱贫能力，早日实现脱贫致富发挥作用。希望广大林业科技工作者，切实增强“精准扶贫、精准脱贫”工作的自觉性和主动性，继续积极推广和普及林业科技先进实用技术，真正让特色林果产业成为甘肃省精准扶贫工程的抓手和全省生态保护的利器。

中共甘肃省林业厅党组书记、厅长：宋尚有

2018 年 1 月

目 录

早实核桃良种“陇南755”

1. 品种来源

中国林科院林业研究所奚声珂1987年通过杂交组合提供陇南第一代优系穗条（编号为755）；成县林业局区试成功后经选育者授权，2008年通过陇南市科技成果鉴定并定名，2010年通过甘肃省林木良种委员会审定。

2. 品种特性

单果重12.5克，坚果三径（纵径×横径×侧径）：3.72厘米×3.57厘米×3.44厘米；核壳厚1.1毫米，出仁率56.5%，6年生平均单株产量4.14千克，冠幅核仁产量每平方米331.5克，早期丰产性好。

3. 栽培习性

雌先型品种；树势健壮，结果枝短，树形紧凑，早实丰产，6年生株高4米，干周34厘米，冠幅3.1米×2.9米，短枝型，侧花芽座果率高，双果3果率高，6年生单株座果率387个；“陇南755”在成县3月下旬萌芽，4月上旬雌花开放，4月下旬雄花盛期，9月上旬果实成熟，10月中旬落叶；适宜在土、肥、水立地条件较好的地方成片建园，密植栽培；雄花散粉期长，抗旱耐瘠薄性较差，多雨条件易感染细菌性黑斑病；平地林粮间作，株行距6米×5米或6米×6米，丘陵、山地梯田堰边株距6~8米，行距以梯田宽度为限，宽8~10米。

目前在甘肃成县及周边县推广应用。

陇南755

早实核桃良种“中林1号”

中林1号

1. 品种来源

中国林科院林业所利用山西汾阳串子作母本，祁县涧9-7-3作父本杂交育成，1989年通过林业部鉴定；1994年引进甘肃栽培，2013年通过甘肃省林木良种委员会审定。

2. 品种特性

坚果圆形，果基圆，果顶扁圆，单果平均重11.36克，坚果三径（纵径×横径×侧径）：4.26厘米×3.35厘米×3.69厘米；核壳厚1.02毫米，壳面较粗糙，色较浅，缝合线两侧有较深麻点，缝合线中宽突起，顶有小尖，结合中等；易取整仁，出仁率55.1%，核仁饱满、仁色黄白、内隔膜膜质、内皱襞退化。

3. 栽培习性

雌先型品种；树势较强，树姿直立，树冠椭圆形，分枝力强，侧芽形成混合芽比例90%，坐果率50%~60%，以双果、单果为主，中短果枝结果为主；适应性强，较耐瘠薄、干旱，较抗寒，坚果脂肪含量高、核仁适宜提取核桃油；抗病性差，连续结果能力强，但果个较小，要注意增强肥水管理。

甘肃陇南、陇东南都有栽培。

早实核桃良种“香玲”

1. 品种来源

山东省果树研究所杂交培育而成，亲本为上宋6号×阿克苏9号，1989年定名；1994年引入甘肃栽培，2010年被甘肃省林木良种委员会审定为优良品种。

2. 品种特性

坚果圆形，果基较平，果顶微尖，单果平均重12.2克；核壳厚0.9毫米，壳面刻纹壳窝少、光滑美观、缝合线窄而平、结合精密；易取整仁，出仁率65.4%，核仁饱满、仁色黄白、内隔膜膜质、内皱襞退化；坚果品质上等。

3. 栽培习性

雄先型品种，树势较旺，树姿较开张，树冠半圆形，分枝力较强，枝条髓心小。混合芽近圆形，大而离生。侧生混合芽比例81.7%，雌花多双生，坐果率60%。结果早，嫁接成活率高，在陇东南麦积区3月下旬发芽，4月中旬雄花期，4月下旬雌花期，9月上旬坚果成熟；较抗旱，抗黑斑病较强，适宜在土肥水条件较好的区域栽培。

甘肃陇南、陇东南规模栽培。

早实核桃良种“辽宁1号”

1.品种来源

辽宁省经济林研究所以河北昌黎大薄皮核桃为母本，新疆纸皮核桃优树为父本杂交育成，1989年通过林业部鉴定；1994年引入甘肃栽培。2017年通过甘肃省林木良种委员会评定。

2.品种特性

坚果圆形，果基平或圆，果顶略成尖形，单果重9.4克，坚果三径（纵径×横径×侧径）：3.42厘米×3.35厘米×3.48厘米，壳面光滑、刻纹壳窝少，缝合线隆起，结合紧密，壳厚0.9毫米，内皱壁退化，横膈膜膜质，易取整仁；内种皮无涩味；出仁率59.6%；核仁黄白色，充实、饱满、美观,味香而不涩。

3.栽培习性

雄先型品种，树姿直立或半开张，树势强，枝条粗壮密集，1年生枝常成灰褐色，粗壮、节间短、果枝短。顶芽呈阔三角形或圆形，侧芽形成混合芽能力超过90%。每雌花序着生3朵雌花，坐果2~3个，多双果或3果。座果率60%以上；“辽宁1号”在陇东南清水县4月上旬萌芽，初花期4月底，果实成熟期9月中旬，11月中旬落叶。

丰产性好、坚果品质优，适宜加工核桃仁；适应性强，较耐瘠薄，有较强的抗病、抗风、抗寒能力；果型中等、风味中等。

甘肃陇南、陇东南中部、陇东均有栽培。

早实核桃良种"辽宁3号"

1. 品种来源

辽宁省经济林研究所以河北昌黎大薄皮核桃优株为母本，新疆纸皮核桃优树为父本杂交育成，1979年通过辽宁省科技厅鉴定，1989年定名；1994年引入甘肃栽培，2013年通过甘肃省林木良种认定。

2. 品种特性

坚果圆形，单果重10.38克，坚果三径（纵径×横径×侧径）：3.79厘米×3.46厘米×3.28厘米，核壳1.08毫米，壳面刻纹壳窝少、缝合线微微隆起，结合紧密；出仁率58.1%，核仁饱满、仁色黄白；内隔膜膜质、内皱襞退化。

3. 栽培习性

雄先型品种；树势中庸，树姿开张，树冠半圆形，枝条粗壮，节间短，多密集，风之力强，抽生二次枝能力强；侧芽形成混合芽比率100%，坐果率60%以上，成年树雄花较多，早实丰产性强；陇东南4月中旬发芽，初花期5月上旬，九月中旬坚果成熟；适宜密植栽培；适应性强，丰产性较强，较耐瘠薄，耐干旱，抗风能力强，果个中等偏小，水肥条件差会出现露仁，二次枝抽条现象明显。

甘肃陇东南、陇南中部均有栽培。

早实核桃良种“辽宁4号”

1.品种来源

辽宁省经济林研究所以朝阳大麻核桃为母本，新疆纸皮核桃后代中早实类型为父本杂交育成，1979年通过辽宁省科技厅鉴定，1989年定名；1994年引入甘肃栽培，2013年通过甘肃省林木良种委员会审定。

2.品种特性

坚果圆形，果基圆，果顶圆并微尖，单果平均重11.2克，坚果三径（纵径×横径×侧径）：3.63厘米×3.56厘米×3.59厘米，果基圆，果顶圆并微尖，核壳厚1.1毫米，壳面刻纹壳窝少、缝合线窄而平、结合紧密；易取整仁，出仁率59.7%，核仁饱满、仁色黄白、内隔膜膜质、内皱襞退化；坚果品质优，风味佳，适宜加工核桃仁销售。

3.栽培习性

雄先型晚熟品种；树势较旺，每果枝平均坐果1.6个，多双果，坐果率75%。生长势强，树冠圆头形，丰产性强。在陇东南成县3月下旬萌芽，初花期4月中旬，果实成熟期9月中旬，11月中旬落叶；适应性强，较耐瘠薄，丰产性较强，但抗病能力差，有早衰现象。

甘肃陇东南、陇南中部，均有栽培。

辽宁4号

早实核桃良种“鲁光”

鲁光

1. 品种来源

山东省果树研究所1978年杂交培育而成，母本为新疆卡卡孜，父本为上宋6号。1986年参加全国试验，1989年定名。1994年引入甘肃栽培，2013年通过甘肃省林木良种委员会审定。

2. 品种特性

坚果长圆形，单果平均重14.15克，坚果三径（纵径×横径×侧径）：4.31厘米×3.56厘米×3.62厘米，核壳厚1.09毫米，壳面刻纹壳窝少、光滑美观、缝合线窄而平、结合中等；易取整仁，出仁率59.5%，核仁饱满、仁色黄白、内隔膜膜质、内皱襞退化；坚果外形光滑美观、品质优，风味佳，适宜带壳（坚果）销售。

3. 栽培习性

雄先型品种。树势中庸，树姿开张，树冠半圆形，分枝力强，枝条粗壮；侧生混合芽比例80.8%，坐果率65%。嫁接幼树第二年挂果，陇东南麦积区3月下旬萌芽，4月上旬初花期，9月中旬坚果成熟。适应性较强，较耐瘠薄，抗黑斑病、溃疡病能力较强，丰产性较强，不耐干旱，适宜在土层深厚的立地条件下栽培。

甘肃陇东南、陇南、陇东均有栽培。

早实核桃良种“丰辉”

1. 品种来源

山东省果树所1978年杂交育成，母本为上宋6号，父本为阿克苏6号，1986年参加全国区域试验，1989年通过林业部科技司成果鉴定并定名；1994年引入甘肃栽培，2013年通过甘肃省林木良种委员会认定。

2. 品种特性

坚果长椭圆形，单果重12.8克，坚果三径（纵径×横径×侧径）：5.39厘米×3.32厘米×3.18厘米，核壳0.99毫米，壳面刻纹壳窝少、缝合线窄而平、结合中等；核仁重7.5克，出仁率58.6%，核仁饱满、仁色黄白；内隔膜膜质、内皱襞退化；味香而不涩，适宜带壳销售。

3. 栽培习性

雄先型品种。树姿直立，树势中庸，树冠圆锥形，分枝力中等，枝条细弱，髓心大，光滑，较密集，1年生枝条绿褐色，嫁接苗第二年开花结果，侧生混合芽比例88.9%；陇东南秦州区3月下旬萌芽，4月上旬初花期，9月上旬坚果成熟。幼树生长健壮，成形较早。适应性强，对细菌性褐斑病、炭疽病和溃疡病具有较强的抗性，产量较高，粗放条件下大小年明显，不耐干旱和瘠薄，适宜土层深厚和有灌溉的土壤栽培。

甘肃陇东南、陇南中部均有栽培。

早实核桃良种“薄壳香”

薄壳香

1. 品种来源

北京市农林科学院林业果树研究所从新疆核桃实生后代中选育，1984年通过鉴定并定名；1994年引种甘肃栽培，2013年通过甘肃省林木良种委员会审定。

2. 品种特性

坚果圆形，单果平均重10.4克，坚果三径（纵径×横径×侧径）：3.29厘米×3.24厘米×3.45厘米；核壳厚1.09毫米，壳面较光滑、有小麻点，颜色较深，缝合线窄而平、结合紧密；易取整仁，出仁率66.9%，核仁饱满、仁色黄白、味香而不涩；内隔膜膜质、内皱襞退化。

3. 栽培习性

雌雄同熟型品种；树势强，树姿较开张，分枝力中等；侧生混合芽比率70%左右，坐果率50%，适宜栽植密度5×6米，“薄壳香”在陇东南成县4月上旬萌芽，初花期4月底，果实成熟期9月中旬，11月中旬落叶；较抗旱、抗霜冻，抗病能力较强，水肥条件差坚果会出现露仁现象。

甘肃陇南、陇东南、中部均有栽培。

早实核桃良种“温185”

1. 品种来源

新疆林业科学院从实生后代中选育，1983年从“卡卡孜”实生子一代中选育，1989年定名，1996年通过新疆林木良种委员会审定；1994年引入甘肃栽培。2017年通过甘肃省林木良种委员会认定。

2. 品种特性

坚果圆形,单果重14.06克，坚果三径（纵径×横径×侧径）：4.25厘米×3.58厘米×3.71厘米，壳面光滑、刻纹浅壳窝少、缝合线平、结合中等，核壳厚1.1毫米，内皱壁退化，横膈膜膜质，易取整仁；内种皮无涩味；出仁率55.7%；核仁黄白色，充实、饱满、美观,味香而不涩；坚果光滑美观、核仁饱满，壳薄，品质上等，适宜鲜食。

3. 栽培习性

雌先型品种；树势强，树冠紧凑，小枝粗壮，当年生枝呈深绿色，较粗壮、短、中果枝结果；具有二次生长枝，结果母枝平均发枝4.5个，结果枝率100%；单花率31.5%，双花率31.5%，三花率30%，四花率8%；“温185”在河西临泽县4月中旬萌芽，4月底初花，9月中旬果实成熟；适应性强，早期抗病虫害能力较强；早期丰产性极高，适宜土层深厚和有灌溉的土壤栽培。

甘肃河西、中部、陇东南均有栽培。

早实核桃良种“新新2号”

1.品种来源

新疆林业科学院1979年从新疆新和县依西里克乡吾宗卡其村菜田实生后代中选择，1990年定名，2004年通过新疆林木良种委员会审定。1994年引入甘肃栽培，2017年通过甘肃省林木良种委员会审定。

2.品种特性

坚果长圆形，果基圆，果顶平或稍圆，果肩微耸；单果重14.09克，坚果三径（纵径×横径×侧径）：4.14厘米×3.26厘米×3.54厘米；壳面光滑、刻纹浅壳窝少、缝合线平、结合中等，核壳厚1.26毫米，内皱壁退化，横膈膜膜质，易取整仁；内种皮无涩味；出仁率55.21%；核仁黄白色，充实、饱满、美观,味香而不涩。

3.栽培习性

雄先型品种；树势中等，适宜密植，树冠较紧凑，小枝条稍细长，当年生枝呈绿褐色，较粗壮、短、中果枝结果；具有二次生长枝；结果母枝平均发枝2个，结果枝率100%，果枝平均坐果2个；单或复芽，混合芽大而饱满，呈馒头形；“新新2号”在河西临泽县4月中旬萌芽，4月底初花，9月下旬果实成熟；适应性强，耐干旱、耐低温，抗病虫害能力强；产量较高，海拔高时坚果核仁不饱满。

甘肃河西、中部、陇东南均有栽培。

早实核桃良种"新巨丰"

1. 品种来源

新疆林业科学院1983年从新疆核桃幼树"和春4号"子一代植株中选择，1989年定名，2004年通过新疆林木良种委员会审定；2003年引入甘肃栽培。

2. 品种特性

超大果型；坚果椭圆形，果基、果顶渐小而圆，果尖稍凸；单果重13.7克，坚果三径（纵径×横径×侧径）：5.25厘米×3.59厘米×3.33厘米；壳面较光滑，呈黄褐色，缝合线稍凸，结合中等，壳厚1.48毫米，出仁率52%，内皱壁退化，横膈膜膜质，易取整仁；核仁充实、饱满、美观，味香而不涩。

3. 栽培习性

雄先型品种；树势强，树冠开张，小枝条稍细长，当年生枝呈绿褐色，小枝粗壮；具有二次生长枝；结果母枝平均发枝3.5个，结果枝率81%；果枝平均坐果1.5个；能耐低温，产量较高，高海拔地区种仁不饱满，粗放条件下大小年明显，适宜土层深厚和有灌溉条件的土壤栽培。

甘肃陇东南、中部均有栽培。

早实核桃良种“元丰”

元丰

1.品种来源

山东省果树研究所1973年从邹城市草寺村栽植的新疆早实核桃实生树中选出，1979年通过山东省级鉴定并定名；1994年引入甘肃栽培，2017年通过甘肃省林木良种委员会审定。

2.品种特性

坚果卵圆形，果顶微尖，果基平圆，单果重10.54克，坚果三径（纵径×横径×侧径）：3.92厘米×3.27厘米×3.59厘米，核壳1.02毫米，壳面刻纹壳窝少、缝合线微微隆起，结合紧密；出仁率51.7%，核仁饱满、仁色黄白；内隔膜膜质、内皱襞退化；脂肪含量高，可作为油用品种栽培。

3.栽培习性

雄先型品种；树势中庸，树形开张，分枝力中等，盛果期树雄花较多，侧芽形成混合芽比率75%，坐果率70%，“元丰”在陇东南秦州区3月下旬萌芽，4月中旬初花，9月上旬果实成熟；发芽晚，较“香玲”等品种晚发芽5~7天，可躲避早春晚霜危害；不耐干旱，土肥水管理不良坚果容易变小，较抗病，适宜山区土层较厚的立地条件栽培。

甘肃陇南、陇东南均有栽培。

早实核桃良种“元林”

1.品种来源

山东省林科院与泰安市绿园经济林果树研究所利用早实品种“元丰”作母本，美国品种“强特勒”作父本人工杂交育成，2008年通过部级鉴定；2010年引入甘肃栽培。

2.品种特性

坚果方圆形，壳面光滑，缝合线紧，壳厚1.2毫米，取仁易，可取整仁，内种皮淡黄色，出仁率54.9%，坚果重16.7克，每千克62个左右。

3.栽培习性

雄先型品种，发芽晚，较“香玲”等品种晚发芽5~7天，可躲避早春晚霜危害。树势旺，树姿直立，树冠成圆头形，侧芽结果率90%，平均每果枝坐果1.4个。

甘肃陇南、陇东南均有栽培。

早实核桃良种“强特勒”

1. 品种来源

“强特勒”是美国品种，“彼特罗”(Pedro) x UC56 - 224 的杂交代，1984 年由中国林科院林业研究所奚声珂引入中国；2003年引入甘肃栽培，2013年通过甘肃省林木良种委员会审定。

2. 品种特性

坚果长圆形，单果重约 11 克，坚果三径（纵径×横径×侧径）5.4 厘米×4.0 厘米×1.5 厘米，壳厚 1.1 毫米，壳面光滑，缝合线紧密，出仁率 54.0%，核仁含蛋白质 18.8%，粗脂肪 65.15%，核仁饱满，食味香甜、无涩味，出仁率、含油率高，属仁用及油用品种。

3. 栽培习性

雄先型，树势中庸，树姿较直立，冠形紧凑；1 年生枝较短，黄绿色；雄花序多，侧芽形成混合芽比例在 90% 以上，成枝率强，果枝率为 69. 7%，坐果率为 81. 2%，“强特勒”在陇南武都 4 月上旬萌芽，4 月中旬初花期， 9 月中旬果实成熟；适应性强，早实、丰产性能好，耐贫瘠、耐寒；物候较晚，能有效避晚霜和倒春寒的侵袭。

甘肃陇南武都区、成县均有栽培。

晚实核桃良种“陇南15号”

1. 品种来源

成县农业技术推广中心1987年从甘肃省康县长坝镇实生核桃群体中选育。2008年通过陇南市科技成果鉴定，2010年通过甘肃省林木良种委员会审定并定名。

2. 品种特性

坚果圆形，坚果重为16.8克，果基圆平，果顶平，果肩略高；坚果三径（纵径×横径×侧径）：4.1厘米×4.2厘米×4.0厘米；果壳光滑，壳厚1.30毫米；缝合线平、紧密、中宽平滑；内褶壁退化，横隔膜膜质，可取整仁或半仁，核仁浅黄色，种仁充实饱满，风味香甜；出仁率比54.30%。

“陇南15号”成县3月下旬萌芽，4月上旬雌花盛花期，4月中、下旬雄花盛花期，5月上旬抽生二次枝及开二次花，果实成熟期8月下旬，属早熟品种，10月下旬落叶。

3. 栽培习性

雌先型品种；树姿开张，树冠圆头形，植株高大，主干灰白色，光滑；抗逆性强，适宜在土肥条件中等区域生长，陇南、天水、兰州等地均可安全越冬；“陇南15号”对细菌性黑斑病和炭疽病的抗性强，但花序着生的多果紧密，果柄短，易被桃蛀螟为害；适于稀植，行株距6米×5米或8米×6米。

晚实核桃良种“清香”

1.品种来源

日本核桃品种，1984年由日本核桃专家水直江捐赠、引入接穗嫁接于河北农业大学，2002年通过河北省科技厅鉴定，2003年通过河北省良种审定；2003年引入甘肃栽培，2013年通过甘肃省林木标准委员会认定。

2.品种特性

坚果圆形，单果重14.56克，坚果三径（纵径×横径×侧径）：4.25厘米×3.59厘米×3.71厘米，壳面光滑、刻纹壳窝少、缝合线微隆起、结合强，核壳厚1.15毫米，内皱壁退化，横膈膜膜质，易取整仁；内种皮无涩味；出仁率55.7%；核仁黄白色，充实、较饱满、美观,味香而不涩。

3.栽培习性

雄先型：树体中等大小，树姿半开张，幼树时生长旺盛，结果后树势稳定；枝条粗壮，芽体充实，结果枝率60%以上；连续结果能力强；坐果率85%以上，双果率80%以上；除果期顶花芽结果，进入盛果期后侧花芽结果“清香”在陇东南清水县萌芽期4月中旬，初花期4月下旬果实成熟期9月中旬。适应性强，较耐瘠薄、较抗病，丰产性较强；物候期较晚，在海拔较低的武都、文县等地易受晚霜危害。

清香是甘肃栽培最少的栽培品种，陇东南、陇南、中部、陇东均有规模栽培。

晚实核桃良种“晋龙1号”

1.品种来源

山西省林业科学研究所从汾阳晚实实生核桃群体中选育，1978年定为优树，1990年通过山西省科委鉴定并定名，1991年列为全国推广品种；1994年引入甘肃栽培，2013年通过甘肃省林木良种委员会审定。

2.品种特性

坚果圆形，单果平均重13.10克，坚果三径（纵径×横径×侧径）：3.97厘米×3.43厘米×3.65厘米；核壳厚1.30毫米，壳面刻纹少、缝合线周围壳窝多、缝合线微凸起、结合紧密；易取整仁，出仁率57.8%，核仁饱满、仁色浅黄、内隔膜膜质、内皱襞退化。

3.栽培习性

雄先型品种，树势强，树姿较开张，分枝能力枝强，枝条粗壮，果枝率44.5%，果枝平均座果1.7个；“晋龙1号”在陇东南清水县萌芽期3月下旬，初花期4月中旬，果实成熟期9月中旬；适应性强，较耐瘠薄，较抗病；坚果个大，风味佳，适宜带壳（坚果）销售；进入结果期较晚，早期产量低。

甘肃陇东南、陇南、中部均有栽培。

晚实核桃良种“晋龙2号”

1.品种来源

山西省林业科学研究所从汾阳晚实实生核桃群体中选育，1990年通过山西省科委鉴定并定名，1991年列为全国推广品种；1994年引入甘肃栽培，2013年通过甘肃省林木良种委员会审定。

2.品种特性

坚果近圆形，单果平均重14.25克，坚果三径（纵径×横径×侧径）：3.67厘米×3.87厘米×3.68厘米；核壳厚1.25毫米，壳面刻纹多壳窝少、缝合线隆起、结合紧密；易取整仁，出仁率54.6%，核仁饱满、仁色浅黄、内隔膜膜质、内皱襞退化。

3.栽培习性

雄先型实品种，幼树树势较旺，结果后逐渐开张，树冠较大，分枝力中等；幼树树势较旺，结果后逐渐开张，嫁接后第三年开始开花，坐果率65%；“晋龙2号”在陇东南清水县萌芽期3月下旬，初花期4月中旬，果实成熟期9月中旬。适应性强，抗旱、抗晚霜能力强，抗黑斑病和腐烂病的能力较强；进入初果期较晚，早期产量较低。适宜生态经济型基地建设。

甘肃陇东南、陇南、中部均有栽培。

砧木苗培育技术

1. 种子选择与处理

选择充分成熟、饱满、均匀、无病虫、无霉烂的当年种子播种；秋季播种的种子用杀菌杀虫剂处理后直接播种，春季播种的种子必须经过低温沙藏或干藏，翌年春季当50%种子裂口长出新根时可直接播种，春播前采用冷水浸种、温水浸种或开水烫种等方法进行催芽至种子缝合线开裂。

2. 播种方法

秋播在核桃采收后到土壤冻结前进行，春播在土壤解冻后进行。采用宽窄行开沟点播，宽行60厘米，窄行40厘米，株距10~15厘米，开沟深度8~10厘米；土壤湿度适宜时旋耕耙细后播种，种子平放，缝合线与地面垂直，种尖指向与地面平行。覆土厚度6~8厘米，覆盖地膜，增温保墒。播种量为每亩100~125千克，产核桃苗6000株~7000株。

3. 苗期管理

（1）中耕除草。小苗顶出时撤除地膜，及时中耕除草，做到表土疏松无杂草。

（2）施肥灌水。干旱时及时灌水；6月份结合灌溉每亩施尿素1~15千克，7月份追施磷酸二氢钾8~10千克。

（3）病虫害防治。病害主要有黑斑病、白粉病、根腐病等，发病期喷施70%甲基托布津1000倍液或40%多菌灵800倍液；害虫主要有刺蛾、金龟子、木橑尺蠖等，喷施50%毒死蜱1500倍液或10%氯氰菊酯1500倍液~2000倍液防治。

嫁接苗培育技术

1. 砧木选择与处理

砧木选用1~2年生实生苗；春季3月上旬萌芽前距地面3厘米处平茬。待新梢5厘米长时留1条健壮新梢，其余抹除；5月中旬喷1次0.3%~0.5%磷酸二氢钾或尿素；砧木长至30厘米时摘心，促进基部增粗；当新梢基部粗度0.8厘米以上时即可进行芽接。

2. 嫁接方法

方块芽接。

3. 接穗采集与贮藏

选择当年萌发的无病虫害、半木质化、粗度0.8厘米以上生长健壮的优良品种枝条为接穗；采穗前5~7天进行摘心，促其中上部3~4芽成熟，采穗时留基部2~3芽剪截；剪下接穗后立即剪去复叶，只留2厘米长的叶柄，每30或50根扎成1捆。

接穗以随采随接最佳，采集接穗存放在阴凉潮湿处洒水保湿，贮藏时间不宜超过3天；嫁接时把接穗插入3~5厘米深的水中随接随取；接穗要求皮色青绿，剥开皮有黏液，取下芽片背面白嫩的护芽肉保持完好，叶柄鲜绿，有光泽。

4. 嫁接时期

芽接从5月中旬开始至8月下旬均可进行，以5月下旬至6月中旬砧木和接穗均处于半木质化时嫁接最佳；嫁接时应选择晴天，气温25℃~30℃时，接口愈合快。

5.嫁接操作

（1）砧木处理。在嫁接部位上方留2~3片复叶剪砧，接口以下复叶全部剪除；水肥条件中等的圃地或旱地留2片复叶剪砧；水肥条件好或大雨过后圃地留3片复叶剪砧。

（2）取芽片。接芽以接穗中上部无芽柄、周围较光滑的饱满芽为佳；先将叶柄贴接芽基部削去，在接芽上方0.5厘米处和叶柄基部下方0.5厘米处各横切1刀，芽的左右两侧各竖切1刀，与上下横切口相连，形成长方形芽片；捏住叶柄基部逐渐用力横向推动将芽片取下，尽量不强行揭皮以保全生长点。芽片长1.5~2.0厘米，宽0.8~1.2厘米。

（3）切砧木。砧木基部距地面10~20厘米处用芽接刀先横切1刀做上切口，手持芽片叶柄基部将芽片上端与上切口对齐，沿芽片下端横切1刀做下切口，再在上下横切口的左边纵切1刀呈“匚”形；在下切口右下角处撕去宽2~3毫米、长2~3厘米窄条树皮做放水口。

（4）嵌接芽。剥开砧木皮将芽片由左向右嵌入切口，并使上、下、左各方向紧密相贴，按芽片宽度撕去多余的砧皮。

（5）绑扎。压住平芽片用3~5厘米宽塑料薄膜条自下而上绑扎，松紧适度。注意使接芽和放水口外露。

6. 接后管理

芽接后15天左右接芽萌发，在接芽上方2厘米处剪砧；嫁接前后10天内禁忌浇水，当新梢长至10厘米时施肥浇水；抹除砧木萌芽，并及时松土除草，防治病虫害等。

7.起苗、出圃、分级

苗木达到标准时即可出圃，秋末苗木落叶后至土壤封冻前及翌年春季土壤解冻后至萌芽前均可起苗出圃；起苗时保护好苗干和根系，严防断顶、伤皮、劈根；起苗后做好苗木分级、扎捆、挂标签、根系保湿等。

核桃嫁接苗质量等级

级别	苗高(厘米)	基径(厘米)	主根保留长度(厘米)	侧根条数(条)
Ⅰ级	≥60	＞1.2	＞20	＞15
Ⅱ级	30~60	1.0~1.2	15~20	

定植建园技术

1. 整地

（1）整地时间。栽植前一年秋末冬初整地，秋栽时于栽植前一个月整地。

（2）整地方式。平地栽植挖树穴，规格1平方米见方；缓坡地栽植，沿等高线挖树穴，栽植后逐步整修成梯田，土层厚度1米以上。

(3) 施基肥。每穴施用腐熟厩肥25~30千克，与表土混匀回填入穴内，待填至低于地表20厘米，灌透水沉实，覆表土保墒。

2. 良种壮苗

（1）品种选择。经省级以上木林良种审定或鉴定的当地品种或在当地表现良好的引进良种。

（2）苗木要求。2年生嫁接苗，苗高60~100厘米以上，主根长25厘米，芽体饱满、无风干、无机械损伤。

3. 栽植密度与方式

根据栽植地实际，采用3×5米或4×5米或5×6米的株行距栽。

4. 授粉树配置

授粉树选择与主栽品种花期同期、花粉量大的品种，主栽品种与授粉品种按(6~8)：1比例呈带状或交叉状配置。

5. 栽植技术

（1）栽植时间。秋季栽植自落叶至土壤封冻前，春栽自土壤解冻后至苗木发芽

良种品种及授粉树品种选择分类表

主栽品种	授粉品种
香玲、晋龙1号、晋龙2号	温185、鲁光
鲁光、中林3号、中林5号	薄壳香
薄壳香、辽宁1号、新新2号	温185
中林1号	辽宁1号、辽宁4号

前。

（2）栽植要求。“四大一膜” 定植建园技术：挖1米见方大坑、施80千克有机肥、栽1株一级苗、浇1担水、铺一块80~120厘米地膜，可保证树相整齐、早期丰产、后期可持续发展。

6.栽后管理

（1）截干。栽植后按整形要求及时定干，剪口距上芽3厘米，生长较弱或苗高达不到定干高度的幼树，栽后在嫁接部位以上10~20厘米处，选1~2个饱满芽剪截，抹除砧木上全部萌芽，促使剪口下芽萌发旺长；待剪口下新梢长20厘米时，选健壮新梢保留，其余新梢和芽全部抹除，防止隐芽萌发；选留新梢任其生长，以备翌年定干。

（2）抹芽。发芽后及时抹除定干高度以下侧芽和砧木萌芽。

（3）摘除花果。栽后2年内摘除雌花、雄花和幼果。

（4）成活率调查和补植。秋季成活率调查，对未成活幼树用同品种1~2年生大苗补植。

“四大一膜”定植建园

核桃间作技术

果瓜间作

间作油菜花

1. 间作期

定植后至园地郁闭前核桃基地可适当间带状间作，间作物距树干1米以上；以利通风透光。

2. 间作物选择

（1）选择50厘米以下的低杆、矮冠、浅根性、无攀缘习性的作物，避免与核桃争肥、争水、争光。

（2）生长期较短、收获期早且与核桃树无共同病虫害。

（3）具有较高经济效益，便于生产与销售。

3. 间作物种类

间作物包括各种豆类、马铃薯等的果粮间作，西瓜、南瓜等的果瓜间作，辣椒、甘蓝等的果菜间作，柴胡、丹参等的果药间作以及肥源不足时隔年间种毛苕子、豌豆等绿肥作物的果肥间作。

4. 间作方式

（1）水平间作。间作物种类与核桃树生长特点相近，一般为隔行间种。

（2）立体间作。间作物株型均矮小，充分利用核桃树下层空间，一般种在核桃树行间或树下。

5. 间作原则

间作时留出树盘，树盘直径1~1.2米，随着树盘扩大，逐渐减少间作面积；对间作与未间作之间空带进行中耕及肥水管理。

核桃高接换优之——枝接技术

1. 砧木选择与处理

选择生长健壮、具有明显主干或主枝、无病虫害、5~8年生低产树作砧木，嫁接部位粗度以5~7厘米为宜。

2. 接穗采集与贮藏

（1）采集接穗：萌芽前20天采集粗度1.2~2厘米、髓心小、芽饱满1年生发育枝做接穗；接穗剪下后剔除过粗枝、纯雄花芽枝和病虫枝，剪成长15~20厘米、上端留有2~3个饱满芽的枝段及时在100℃~110℃蜡液中速蘸封严。

高接换优基地

（2）贮藏接穗：蜡封接穗冷却后分品种存放，接穗最适贮藏温度0℃~5℃，不能超过8℃，相对湿度80%以上；嫁接前2~3天常温催醒，促其萌动离皮；谨防接穗失水、霉烂和萌芽。

3. 嫁接工具与包扎材料

（1）嫁接工具：嫁接刀、修枝剪、手锯、油石和细磨石等。

（2）包扎材料：乙烯绳（带）、地膜条(宽度7厘米左右)等。

4. 嫁接程序

（1）嫁接方法：插皮舌接法。

（2）削接穗：接穗下端削成6~8厘米长薄舌状马耳形平滑削面；刀口向下切凹超过髓心，然后斜削，保证整个斜面较薄。

（3）砧木接头处理：改接树干（枝）平直光滑处锯断，削平断面；接口处横削2~3厘米宽的月牙状切口，切口下部由下至上削去表皮，留2~3毫米厚内皮层，削面略长于接穗削面。

（4）插接穗：捏开接穗前端皮层，将

成活状

嫩枝插皮接成活状

接穗木质部插入砧木木质部与皮层之间，露白0.5~1厘米，使接穗皮层敷贴在砧木皮层创口上；接口直径小于3厘米时插1根接穗；4~6厘米插2根；7厘米以上插3根。

（5）绑扎：用包扎带绑紧扎牢；若接穗顶端髓心无蜡封，用6~8厘米宽地膜条缠严。

（6）缠膜：接后15~20天萌芽，为防止砧木和接穗创口处水分蒸发，用地膜自下而上缠严创口。

（7）放水：树干基部距地面20厘米处或分枝基部螺旋状交错斜锯2~3个放水口，深达木质部，使伤流液流出；锯口深度为树干直径1/5~1/4，切忌只锯破树皮。

5.接后管理

（1）抹芽：接后15天后砧木上潜伏芽大量萌发，此时如果接穗开始萌发，按不同方位选留2~3芽做预备芽，其余多次彻底抹除；接穗长至10厘米以上时将预备芽全部抹除，如接穗未萌芽或“假活”后萎蔫，则培育预备芽，以备夏天补接。

（2）绑防风柱：新梢长至30厘米时在砧木上绑缚扶杆，接口以上留长1~1.5米，随着新梢生长绑缚2~3次。

（3）防治虫害：接穗萌芽易遭受跳甲、尺蠖等害虫啃食及喜鹊等啄食，采用物理及化学方法防治。

核桃高接换优之——芽接技术

1.砧木选择与处理

芽接砧木选择3~5年幼树。春季萌发前采用落头、短截促其萌发当年旺枝；未形成树冠的树在0.8~1米处留1芽短截，已形成树冠的树根据骨架预留3~5枝为嫁接主枝，留枝长度10~20厘米，其余从基部去除；新萌芽长至5厘米时每枝留1~2个强旺新梢，其余全部抹除。

2.接穗采集与贮藏

（1）接穗采集：芽接接穗随采随接；选择树冠外围芽饱满，粗度1厘米以上、当年生半木质化枝条；接穗剪去复叶，留2厘米长叶柄；每50根1捆，挂好品种标签，湿麻袋或湿布包装运输。

（2）接穗贮藏：接穗应放在阴凉潮湿处，接穗要求皮色青绿，已木质化，剥开皮有黏液，取下芽片背面护芽肉保持完好，叶柄鲜绿，有光泽；贮藏期不宜超过3天。

3.嫁接工具和包扎材料

（1）嫁接工具：嫁接刀、修枝剪。

（2）包扎材料：专用接膜。

4.嫁接程序

（1）嫁接方法：方块芽接法。

（2）砧木处理：嫁接部位上方留2~3片复叶剪砧，接口以下复叶全部去除。

（3）取芽片：将叶柄贴接芽基部削去，接芽上方1厘米处和叶柄基部下方1

方块形芽接

芽接成活状

高位芽接

厘米处各横切1刀，芽左右两侧各竖切1刀，与上下横切口相连，形成长方形芽片；捏住叶柄基部逐渐用力横向推动将保全生长点的芽片取下，芽片长3厘米左右，宽0.8~1.2厘米。

（4）切砧木：砧木半木质化新梢光滑处横切1刀做上切口，从上切口左端起向下竖划一刀作为左切口，刀口相交处挑起皮层，向右下方撕皮，宽度比芽片略宽露白，高度比芽片略短，截取嵌芽部分。

（5）嵌接芽：芽片上端与上切口对齐，沿芽片下端横切1刀做下切口，上下横切口左边纵切1刀呈“匚”形；下切口右下角处撕去2~3毫米宽、2~3厘米长窄条树皮做放水口；剥开砧木皮层将芽片由左向右嵌入切口，使上、下、左方向紧密相贴，按芽片宽度撕去多余砧皮。

（6）绑扎：用拇指按平芽片，用3~5厘米宽薄膜条自下而上包严绑紧，仅留芽眼外露,接口用报纸卷桶保护。

5.接后管理

（1）放风：20~25天接穗萌发，新梢长至纸筒顶部时打开小口，长至5厘米时全部打开。

（2）除萌：接穗萌发后抹除砧木萌芽；接穗未萌芽可选择发育健壮、着生部位适宜1~2个萌芽砧枝加以保留，便于补接。

（3）剪砧：接芽萌发后在接芽上方2~3厘米处剪砧。

（4）绑防风柱：新梢长至30厘米时在砧木上绑缚扶杆，接口以上留长1~1.5米,随着新梢生长绑缚2~3次。

方块形芽接—取接芽

方块形芽接—镶接芽

方块形芽接—绑缚

核桃疏雄疏果技术

1.疏雄

核桃疏除雄花芽，可以减少对树体养分水分的消耗，是一项逆向灌水和施肥的措施；相比施肥、除草、松土等措施；具有简单、效率高、绿色环保等特点， 可以达到增产增收的目的。

（1）疏雄时间。3月下旬至4月上旬，核桃雄花芽膨大时去雄效果最佳。

（2）疏雄方法。用手掰除或用木钩钩除雄花序。

（3）疏雄量。疏除全树雄花序的90%~95%为宜。

2.疏果

早实核桃品种常由于结果多，导致坚果变小，核壳发育不良，种仁不饱满，结果枝细弱甚至干枯死亡；为保证树体健壮，高产稳产，延长结果寿命，维持树体的合理负载量，疏除过多的果实。

疏果一般在生理落果以后（盛花后20~30天）进行，此时幼果直径约1~1.5厘米；疏除量根据栽培条件和树势发育情况确定。

疏雄

核桃人工授粉技术

核桃人工授粉技术通常是在配置授粉树不当或初结果树花期遭遇低温、降雨、大风、霜冻等不良天气时使用，人工辅助授粉可显著提高座果率。

人工授粉需要提前采集花粉，在节气较早的地区采集核桃花粉，在雄花盛开初期（基部小花已开始散粉，花序由绿变黄）将雄花序采集下来，在室内或无太阳直射干燥的地方，将采集的雄花序摊放在白纸上，阴干后抖出花粉，收集的花粉置于2℃~5℃低温条件下备用。

授粉方法。雌花大部分柱头张开呈倒八字型，柱头羽状突起分泌大呈粉液时，用4层纱布做成花粉袋，将采集到的雄花粉装入袋中，扎紧袋口，系大长竹杆、木杆上，在树冠上方轻轻震动抖撒授粉效果最好；此时期一般只有2~3天，要抓紧时间授粉，如果柱头反转或柱头干缩变色，授粉效果会显著降低。有时因天气状况不良，同株树上的雌花期可相差7~14天，为了提高座果率，有条件时可进行两次授粉。

花粉

采集花粉

可授粉雌花

晚实核桃早果技术

晚实核桃幼树生长较旺，进入结果期较晚，采用适宜技术措施达到早果丰产的目标。

1. 拉枝技术

拉枝能够缓和树势，使树体通风透光，促发中短果枝，利于花芽形成。骨干枝的分支角度应在85° 左右。主枝开张角度应从幼树开始，拉枝时要注意不要拉成弓弯和下垂。

2. 缓放技术

对长枝缓放，并对部分两侧及背上芽进行刻芽，能明显提高萌芽率和成枝力，对增加前期枝量和花量效果明显。

3. 药剂调控技术

4年生以上核桃树主干粗度在5厘米以上时，在发芽前可以土施多效唑，使用量为每厘米干径1.5~2.0克，可防止徒长，促发短枝，促进花芽形成；也可从7月下旬开始，叶面喷0.3%施磷酸二氢钾和200倍~300倍15%多效唑或PBO等生长抑制剂2~3次。

4. 肥水调控技术

3年生幼树应该开始控肥控水，特别是控制氮肥的施入量，可适当增加磷钾肥的施入量；此外，还应适当调控水分供给，如新梢速长期控制水分供给，防止旺长。

拉枝形成结果小枝

未拉枝效果

核桃水分管理

核桃树枝条速长期缺水会使新梢生长受阻减慢，甚至提前停止生长，幼果发育期缺水会影响果实彭大，坚果明显变小，种仁发育期缺水会降低种仁的饱满程度。甘肃各核桃产区经常出现春旱， 5、6月常常干旱少雨，此期间正值核桃树的迅速生长期和果实发育期，需要大量水分，应通过灌水加以补充。

依据核桃树生长发育需要，第一次灌水时期是萌芽前期水，此时核桃物候期变化急剧而短促，近一个月时间内将完成萌芽、抽枝、展叶、开花等过程；第二次灌水时期是果实膨大期，幼果迅速彭大，体积增长量占全年的80%以上，新梢迅速生长，占全年生长量的90%以上，雌花分化的生理分化到形态分化均在此时期进行；第三次灌水是秋季施肥和冬前水，结合施肥灌水，不仅利于土壤墒情，也有利于施入有机肥的分解利用，增加树体越冬贮藏物质的积累，提高树体的越冬抗冻能力。

水分管理

核桃施肥技术

核桃可以采用叶片分析和土壤分析来诊断核桃养分状况，科学施肥。

1. 施肥标准

不同树龄核桃树年施肥标准见下表。

时期	树龄	株平均施肥量（克）			有机肥（千克）
		尿素	磷酸二铵	氯化钾	
幼树	1~3	94	38	33	5
	4~6	188	76	66	5
初果期树	7~10	376	195	165	10
	11~15	752	380	330	20
盛果期树	16~20	1128	760	660	30
	21~30	1504	1140	990	40

2. 施肥类型、方法与时期

（1）基肥

以迟效性有机肥为主。

施肥方法：沟施或环状施肥，施肥沟深60厘米，宽度40~60厘米，环状沟深30~40厘米，宽40~50厘米。

施肥时期：以果实采收后至落叶前，越早越好。

3. 追肥

结果前幼树每年施肥2次；结果树每年追肥3次。

第一次追肥：萌芽前，占全年总量30~40%，以速效氮肥和磷肥为主，氮磷比例1：0.6。

第二次追肥：开花后，占总量30%~40%，氮、磷、钾肥比例1：0.6：0.9。

第三次施肥：硬核后期，施肥量占总量20%~30%，氮、磷、钾肥比例1：0.6：0.9。

施肥方法：穴状施肥，根据树冠大小每株4~15个穴，穴深25~30厘米。

沟状施肥

行状施肥

4. 叶面喷肥

种类和浓度：尿素0.3%~0.5%、磷酸二氢钾0.3%~0.5%、氯化钙或硝酸钙0.5%~1.0%、硫酸锰0.1%、硫酸亚铁0.75%~1.0%、硫酸锌浓度则为萌芽前5%，萌芽后3%。

时期：尿素主要在生长季节前期，可以结合喷药施用；磷酸二氢钾整个生长季均可喷用；钙肥主要在坚果壳形成期；此外，还可根据树体营养状况喷施铁、锌、硼、锰等肥。

环状施肥

环沟状施肥图

早实核桃树形和修剪

早实核桃侧芽萌芽率高，侧花芽结果能力强，但成枝率低，整形修剪时常采用无主干的自然开心形和自然纺锤形。

1. 定干

定干高度0.8~1.2米。

2. 整形修剪

自然开心形：主干不同方位选留3~5个主枝，每个主枝上配置4~5个侧枝，树体成形后，骨干枝开张角度65度~70度，树高3.5~4米。

自由纺锤形：有明显的中心干，主干上选留7~9个骨干枝螺旋状配置；整形完成后，骨干枝的开张角度为85度，其他枝条90度，树高4.5米左右。

3. 丰产修剪

已挂果树推广“长放”修剪技术:夏剪时去除密、病、虫、弱、短枝，对抽生的二次枝条选留3~4个芽摘心，剪口芽留外芽，中心干除外；第2年秋剪时枝条留40厘米短截；第3年冬剪时对主枝采取“截一”（短截的长度在10厘米左右）“留一”（长放不动，一般选留整枝芽体饱满、成熟的枝条），疏除过密枝、遮光枝、病弱枝等枝条；其中短截的枝条要错落分开，使结果枝分布合理，光路畅通，有形不

自然开心形

自由纺锤形

乱；第3年后随着树体增大，可以在树冠上部适当选留一枝组（1个结果枝及1个营养枝），夏季树体疏枝部位萌生的徒长枝要及时除萌，位置合适的枝条可培养成临时结果枝组，对短截后抽生的多个枝条，选留1个位置适合、长势好的枝条加以培养，其他枝条疏除；注意控制二次枝的后期生长量，长度超过3米时可摘心处理；秋剪对当年结果枝组进行短截作为翌年的营养枝；对前年长放的枝条保持不动，作为翌年的结果枝组；丰产修剪目的是当年的结果枝翌年要作为营养枝进行培养，枝枝轮换培养，使得年年有结果枝条，确保产量。

晚实核桃树形和修剪

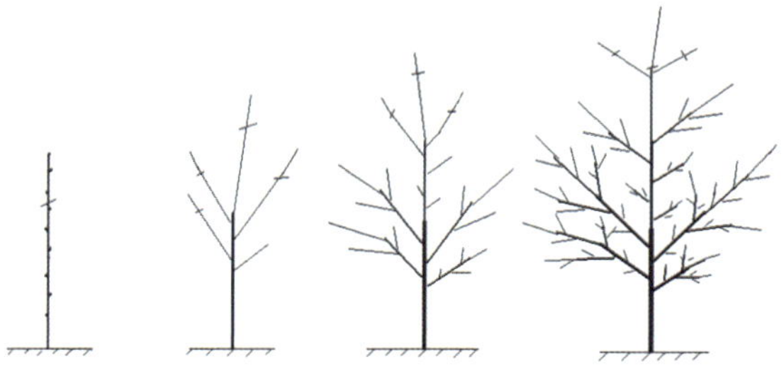

疏散分层形

疏散分层形

晚实核桃品种侧芽萌芽率低，侧花芽结果能力差，但成枝率高，常采用主干疏散分层形或自然园头形。

1. 定干

晚实品种定干高度1~1.5米。

2. 整形修剪

主干疏散分层树形。主干上选留5~7个主枝，分2~3层配置，层间距1.2~1.5米，每个主枝上均匀配置3~4个侧枝；整形完成后，骨干枝的开张角度为70度~75度，树高4.5米左右。

培育结果枝组。晚实核桃顶端优势明显，成枝力较低，多在枝条顶端形成混合芽，进入初果期后开始出现侧生结果枝。因此前期修剪时应实行主侧枝延长枝缓放，不进行短截；同时注意夏剪，促进分枝，控制枝势，有利于多成结果枝条和枝组。

剪除背下枝。为保证主、侧枝原枝头的正常生长和促进其他枝条的发育，避免养分大量消耗，在背下枝抽生的初期，即可从基部剪除。

管控非目的性枝条。注意非目的性枝条对树形成的干扰及时剪除主干、主枝、侧枝上的萌蘖枝、密生枝、重叠枝、细弱枝、病虫枝等。

3. 丰产修剪

初挂果树或高接后第2~3年刚进入结果期树，除疏除、改造直立向上的徒长枝条外，要少进行短截，采取拉大角度进行缓放技术措施，同时通过夏季摘心、拿、拉、换头等控制强枝向缓势发展，修剪时以弱枝带头，促进成花；对辅养枝、旺枝可实施环割、摘心等技术措施促进成花。

盛果期大树修剪技术之——树形调整

幼树期未进行整形修剪、但已进入盛果期的核桃大树主要修剪技术包括树形调整和控冠技术。

主干分层形树形调整。首先要注重调整层间距，保持主干0.6~0.8米、通过开张扩角、人工变向或主枝更新技术措施进行调整；过强骨干枝加大基角或疏除过旺侧枝，控制竞争枝、疏除直立枝；对多余大枝进行疏除或回缩，采取逐年疏除，多留中、小型枝组，协调主从关系；重点调整保留各级侧枝和大、中型结果枝组的方位，更新大枝的着生位置以背斜侧枝条为好，切忌留背上枝，使枝条交错排列，充分利用光路空间。

自然开心形树形调整。逐年疏除过多大枝，通过开张保留骨干枝角度或人工变向打开光路；疏除位置低和密度较大的第一层侧枝，疏除树体内膛过密的重叠枝、交叉枝、病弱枝、角度难以控制的大枝及枝组。

疏除侧枝

枝组更新

盛果期大树修剪技术之——树体更新

核桃大树树体更新包括主枝更新、侧枝更新和结果枝组更新。要求修剪后树体骨架牢固，整体通风透光，在此基础上大枝越少越好，多培养中、小型结果枝组；不合理大枝应适时改造，大枝改造和疏除应逐年进行，不可一次性疏除过多大枝；首先疏除已交叉、重叠大枝，留下较短、较近中、小枝组，其次疏除与主枝、侧枝有竞争、有影响大枝，保留骨干枝上相对较小枝条和无竞争力中庸枝；最后疏除过密枝、重叠枝、交叉枝、并生枝、病弱枝和压头枝，保持适宜枝间距离。

主枝更新：选择主枝适当部位回缩，形成新的侧枝；选择健壮主枝，保留50~100厘米长枝条，其余锯除，促进主枝锯口周围潜伏芽发枝，发枝后每个主枝上选留方位适宜2~3个健壮枝条培养，其余枝条疏除；对保留的主枝要通过逐年修剪开张角度或人工变向，保持健壮生长和光路畅通。

侧枝更新：一级侧枝在适当部位回缩，形成新的二级侧枝；在侧枝中下部长有强旺分枝的前端或下部剪截，选择两侧生长健壮枝条培养大中型结果枝组；采用先截后放的方法培养结果枝组以增加枝量，截时留量要短，防治内膛光秃；结果老枝应及时回缩，利用休眠芽抽生的枝条进行更新；明显衰弱的侧枝和大型结果枝组要重回缩，促其发生新枝；枯梢枝重剪，促其从下部或基部发枝，代替原枝头。

结果枝组更新：大、中型结果枝组要控制其长势，防止“树上长树”，限制过度延伸；结果枝下部选择培养预备枝，结果枝变弱后及时回缩，抬高角度使其更新复壮；结果枝组内的更新复壮，采取回缩至强壮分枝或角度较小的分枝处；衰退结果枝抽生的新梢很短，常出现三杈状结果枝组要及时回缩，疏除部分短枝以保持生长势；对于变弱结果枝组要及时回缩复壮，使其内膛部位交替结果，同时控制结果枝组内的旺枝，确保结果枝合理、负载。

不同发育时期核桃树的修剪要点

1. 幼树期

在苗木定干基础上，以整形培养树冠为主，定植后第1~2年培养主、侧枝，第3年以培养结果枝组为主；在不影响主侧枝生长的情况下，尽量多留枝；通过摘心、拉枝调整树形，利用夏剪摘心培养结果枝组。

2. 初果期

培育树形、扩展树冠，合理安排骨干枝，培养结果枝组，适量结果。疏除生长过密和交叉、重叠的枝条，使枝梢健壮，分布均匀，树冠开张。

3. 盛果期

利用上枝、上芽复壮骨干枝；回缩、疏除辅养枝，有空间的控制生长势，保留结果；采用单枝或双枝更新枝组，多留单轴枝组；疏除2~3年生小枝组内的细弱枝和不结果枝；回缩中型结果枝组，促发分枝；1个结果枝上抽生多个二次枝时，留1~2个壮枝，春季或夏季摘心，培养成结果枝组；内膛抽生的旺长新梢有空间就留，通过夏季摘心或秋、冬季短截培养成枝组；控制强旺背后枝的生长，长势较弱但已形成饱满芽的暂时保留结果，结果后回缩。

幼树定干

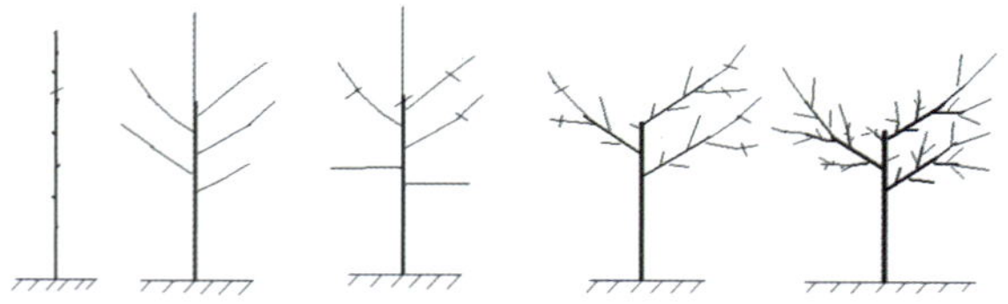

树形培养—开心型树形修剪

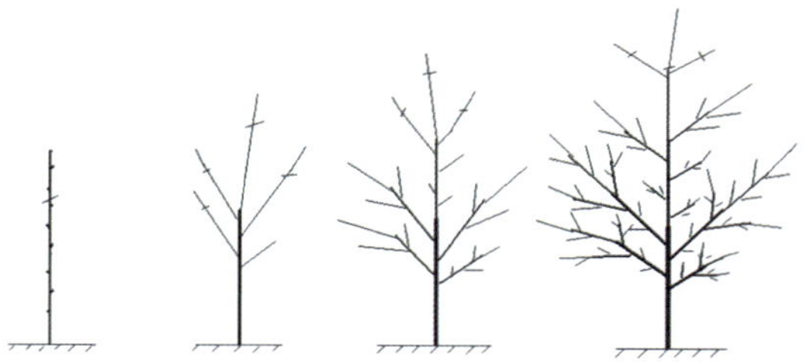

树形培养—主干分层树形修剪

越冬防寒技术

当年定植幼树埋土越冬

涂白防冻

1.越冬

陇中当年定植、河西1~3龄核桃幼树需要埋土越冬，陇东、陇东南无霜期较短的地区（170天以下），越冬后有抽条现象，需要越冬保护。提高幼树越冬主要栽培技术包括建园选择适宜品种和抗寒栽培技术。

2.抗寒栽培技术

（1）肥水“前促后控”技术。春夏5~7月生长季多施氮肥、保证水份供应，满足生长要求，8月多施磷钾肥，秋季控肥控水，控制秋梢旺长，促进枝条充实，减少“抽条”的发生。

（2）冬季埋土技术。河西产区10月中旬灌足冬水后，待土壤湿度适中（手握成团，落地即散）时，轻轻压倒幼树后埋土，埋土厚度20厘米以上，上下拍实，严防漏风，翌年土壤解冻后及时出土。

（3）越冬保护。陇东、陇东南产区定植当年幼树土壤封冻前用双层报纸严密包扎，既可减少核桃枝条水分的损失又可保暖；也可通过树体喷聚乙烯醇、树干涂白、树干绑秸秆、在树干颈根部培土、树盘覆膜等方法，改善树体周围和根际小气候，促进根系活动，避免“抽条”发生。

定植两年幼树埋土越冬

晚霜冻预防技术

早春寒危害

1.晚霜冻

晚霜冻又称春霜冻，是指萌芽后遇到晚霜所遭受的冻害。在展叶至开花期间，气温降至0℃~2℃，花芽、花、幼果受到冻害，低于-2℃花芽、花及新梢会严重冻害，有时皮层变黑，流水干枯死亡；由于霜冻是冷空气集聚结果，一般低洼地受灾最重。

2.预防措施

（1）加强监测预报，因地制宜采取措施联防联治。

（2）加强冬季防寒管理，采用涂聚乙烯醇、树干涂白、埋土防寒等措施，增强树体抗寒能力。

（3）熏烟防霜冻。霜冻来临前在核桃地风口堆放并点燃秸秆等熏烟材料，形成厚3~5米烟雾，持续3~5小时，可有效防止霜害；可在熏烟材料中加入废柴油等发烟材料增加烟量，提高防霜效果； 此外，防霜机、烟雾发生器、发烟袋等均通过熏烟防治晚霜危害。

（4）喷水灌水防冻。当树体温度降到

接近受害温度时开始喷洒水，水凝结成冰时可释放大量潜热，减轻受害程度；在预报有霜冻出现的前1天傍晚田间灌水，增大近地层空气湿度，也可延缓温度降低。

3. 灾后补救措施

（1）人工抖雪减轻冻害。遇到冰雪天气时及时到园地抖动枝条，不让雪在枝条上积存，减轻冰冻危害。

（2）加强管护,恢复树势。受冻后尽早浇水施肥，及时喷施丙酸钙等高营养叶面肥，促进恢复树势、隐芽生长和新梢生长。

（3）人工授粉。通常春季晚霜危害雄花较重，雄花受冻后造成雌花无法授粉，因此采取人工授粉促进二次座果是最有效的补救措施。

（4）防霜实例。清水县自制防霜窑、红古区自垒防霜灶和防霜机配套使用降低晚霜危害；防霜窑是在山坡地地埂挖小型窑洞，平时填充干草或枯枝备用，霜冻来临时点燃窑内枯枝干草，产生烟雾的同时释放大量热量而减缓危害；自制防霜窑简单实用，成本低，易操作，效果明显。放霜机是农业专用防霜机器，由发动机、基杆和风轮组成，当霜冻来临时，发动机工作产生风力，扰乱冷空气的方向，减缓冷空气下沉速度；防霜窑和放霜机联合使用减缓霜冻危害效果显著。根据测定，防霜窑和放霜机联合使用对平地核桃基地霜冻危害防御效果最好、中坡核桃基地防御效果次之、上坡防御效果最差，其变幅在 2 ℃以内。

防霜机应用

防霜灶

核桃病虫害绿色防控

核桃病虫害绿色防控是以农业、生物、物理机械方法为主的病虫害综合防治技术，控制园地化学用药量和用药次数。

1. 频振式杀虫灯

频振式杀虫灯是利用害虫较强的趋光、趋波、趋色、趋性信息等特性，诱杀害虫的物理防治方法。每台控制距离100米，防治面积30亩。

2. 糖醋液

悬挂糖醋液盆诱杀是利用昆虫喜糖醋习性对其进行诱杀。糖：醋：水：酒比例为3：4：2：1，呈梅花状挂在园内距地面1.5~2米高树杈上，每亩挂5~6个。

诱虫灯

糖醋液诱杀害虫

3. 黄色黏虫板

悬挂黄色黏虫板可诱杀蚜虫、潜叶蛾、扁叶甲等多种害虫成虫，每亩悬挂15~20块，板面朝东西向。

4. 诱虫带黏虫胶

树干包裹诱虫带、黏虫胶可诱捕树干

粘虫板诱杀害虫

粘虫液诱杀害虫

翘皮下越冬的蚧壳虫、卷叶蛾等多种害虫；每年8~9月害虫越冬之前将诱虫带粘接固定在树干第一分枝下5~10厘米处，解除后集中烧毁或深埋。

5.剪锯口腐烂病防治

修剪过程中形成的剪锯口是腐烂病等多种病原菌侵入的重点部位，对剪锯口及腐烂病防治，一是保持健壮树体，控制产量，稳定树势；二是修剪改形后及时对剪锯口涂抹伤口愈合剂促使其愈合，避免病菌入侵引起腐烂病发生；三是对已经发生腐烂病的树体采用刮涂疗法，刮净病灶部位树皮后涂愈合剂。

石硫合剂

石硫合剂是由生石灰、硫磺加水熬制而成的一种无机硫类广谱性低毒的矿物源杀菌剂，具有高效广谱、药效持久、低残留、经济实惠特性，对核桃树越冬防寒也有良好效果。

1. 原料

硫合剂是用1份生石灰、2份硫磺粉加10份水熬制而成的。熬制原液质量直

接取决于原料质量的好坏，应选用色白、质轻、无杂质的块状生石灰；硫磺粉越细越好。熬制时最好使用铁锅，不宜使用铜、铝器皿。

2. 熬制步骤

先在铁锅中按比例加入一定量的水加热，待水温达到80~90℃（开始响锅）时，放入生石灰，然后倒入事先用温水调制成浆糊状的硫磺粉，同时迅速搅拌，并记下水位线。此时，一定要掌握好火候，以免发生溢锅。加热20～30分钟，不停地搅拌，并补足因加热蒸发减少的水量。待药液由砖红色变成红褐色（俗称香油色）时，停火冷却，冷却后用纱布滤去渣滓，就得到23~25波美度的石硫合剂原液。

3. 使用

稀释使用前先用波美比重计测量石硫合剂原液波美度，然后根据需要施用药液的波美度进行稀释。商品石硫合剂按使用说明稀释即可。稀释倍数可按重量倍数公式：加水稀释倍数 =(原液波美度−施用药液波美度) ÷ 施用药液波美度.

石硫合剂主要作为清园剂使用，铲除树体上越冬害虫及病菌；一般使用45%结晶60～80倍液，或29%水剂30～60倍液，或3～5波美度石硫合剂，均匀喷雾。生长期喷施可防治褐斑病、黑星病、腐烂病病害及害虫,一般使用45%结晶180～300倍液、或29%水剂100～200倍液，或0.3～0.5波美度石硫合剂，均匀喷雾。涂抹伤口在伤口刮治后，涂抹石硫合剂原液消毒，可减少有害病菌的侵染，防止腐烂病、溃疡病的发生。

4.注意事项

（1）熬制原液和施用时避免皮肤和衣服沾染药液；喷雾器使用后及时冲洗。

（2）忌随意提高使用浓度。

（3）石硫合剂不能与有机磷农药及其它忌碱性农药以及铜制剂、波尔多液混用，以免发生药害。

（4）熬制的石硫合剂原液最好一次用完，不宜长期保存。

熬制石硫合剂

喷施石硫合剂

旱砂田核桃定植建园关键技术

旱砂田也称旱石田、砂地，起源于甘肃兰州，故也称为兰州砂田、甘肃砂田。主要是利用人力用不同粒径的砾石和粗砂覆盖在土壤表面而成，是干旱地区农民在长期的生产实践中创造出的一种独特的保护性耕作方法，是兰州黄河北岸干旱地区特有的一种农田，具有蓄水、保墒、增温、压碱、保持地力等作用。陇中是国内唯一的旱砂田核桃产区，旱砂田栽植核桃具有病虫害少、幼树可以安全越冬、坚果美观等优点。

1. 园址选择

选择背风向阳的平地或山台地，不宜选择低洼地和风口地带栽植；园地表层砾石和粗砂覆盖均匀，便于保水保墒，下层壤土或沙壤土保水、透气性良好，土层厚度在1米以上，pH值7.5~8.2。

2. 主栽及授粉品种

新建基地主栽品种1~2个，配置授粉品种1~2个；目前在兰州地区旱砂田表现良好的主栽品种有清香、温185、香玲、辽宁1号、丰辉、鲁光，可配置的授粉品种有新新2号、中林1号、元丰；按8~10：1比例配置授粉树。

3. 良种壮苗

选用Ⅰ良种嫁接苗，苗高大于60厘米，地径大于1.2厘米，主根长度大于20厘米，侧根大于15条，品种纯度达到95%以上。

4. 栽植密度

株行距5×5米，或5×6米，每亩22~26株。

5. 整地与栽植

（1）整地时间与方式。旱砂田不宜大面积整地，春季栽植前1个月刨开表面石砾挖穴，栽植穴规格长、宽、高分别为0.7×0.7×0.7米。

（2）栽植时间。秋末冬初或早春均可栽植。春季栽植宜在3月中旬至萌芽前进行，秋冬季栽植宜在10月下旬至封冻前进行。

间作辣椒

（3）栽植。每穴施农家肥40千克；将表土与肥料混匀，再将土肥填满穴内，用脚踩实，在中心挖一个40厘米的小穴，将苗木放入穴正中，填土肥抖动苗木踏实，栽植深度为苗木原根径与地面平。

6.栽后管理

（1）截干。对已达到定干高度苗木，从80~120cm高度处截干；尚未达到定干高度的新栽幼树，在饱满芽上方2厘米处重截，发芽后留1萌条培养主干，其余抹去，越冬前或翌年春季定干。

（2）抹芽。发芽后及时抹除主干60厘米以下的萌芽和砧木萌芽。

（3）成活情况调查及补植。秋季进行成活情况调查，用同品种大苗及时补植。

7.间作

（1）间作期限。定植后至郁闭前可进行适当间作，间作物距树干1.5米以上。在行间呈带状间作，以利通风透光。

（2）间作原则。低干（高度50厘米以下）、矮冠、浅根性、无攀缘、夏禾作物，间作物最好是当年生为宜，并与核桃树无共同病虫害。

（3）间作物种。瓜果类可选西瓜、甜瓜、籽瓜等；蔬菜类可选辣椒、西红柿、茄子、甘蓝、娃娃菜等；粮食类可选各种豆类作物和其他矮杆农作物；药材类可选金银花等。

旱砂田核桃病虫害防治技术

目前初步发现陇中地区旱砂田核桃病虫害4种，其中发生普遍、较严重的是核桃溃疡病和腐烂病；虫害零星发生的有桑白蚧，山楂叶螨以及山核桃蚜等。

1. 核桃根腐病

（1）不从病区调运苗木，发现病苗及时销毁.

（2）苗木栽植前根部不能变干；

（3）修剪等综合管理中避免造成伤口；及时切除病瘤，地下根颈部病瘤切除前移去土壤，让病瘤完全暴露，切除病瘤后保持切口干燥，当年不埋土；切除伤口刀具用75%酒精或开水消毒；切除病瘤对幼树防效显著，4年以上树发病严重应早铲除病株。

2. 核桃腐烂病

（1）改良土壤，促进根系发育，增施有机肥，合理修剪，增强树势，提高抗病能力；

（2）疏除下垂枝、老弱枝，恢复树势；冬季刮除病斑，刮后用5波美度石硫合剂涂抹消毒，刮下病皮集中烧毁。

3. 核桃溃疡病

（1）冬季灌水防治“抽条”和早春生理干旱。

（2）早春、晚秋对新定植幼树刷药保护，浓度50倍~100倍；嫁接伤口刷药，浓度200倍~300倍；修剪伤口刷药，浓度100倍~500倍。

（3）去除老皮，刮出病斑。去除老皮以微露新皮为度；已烂透皮层病斑彻底刮除；自病斑外缘1~2厘米处切开，使之呈梭形，切口以露出健康组织为准，刮除后立即涂刷50倍~100倍药液，黄胶泥封口；刮除病斑以早春为好，去除老皮可在整个生长季进行。

4. 桑白蚧

（1）用硬毛刷或细钢丝刷刷去树枝介壳虫。

（2）结合修剪，剪除虫枝；春季发芽前喷施3波美度石硫合剂或3%~5%柴油乳剂，5月中下旬若虫移动期喷施40%速扑杀乳油1000倍液加93号汽油或5%高效氯氰菊酯2000倍液。

5. 山楂叶螨

（1）越冬卵孵化前刮树皮并集中烧毁，刮皮后树干涂白。

（2）保护利用中华草蛉、食螨瓢虫和捕食螨类等天敌。

（3）发生期喷施40%三氯杀螨醇乳油1000倍~1500倍液，或20%螨死净可湿性粉剂2000倍液，或15%哒螨灵乳油2000倍液。

6. 山核桃刻蚜

（1）药剂涂干。3月中下旬发芽时，在树干基部刮2个上下错开的半圆形，涂上40%氧化乐果乳剂，内吸杀蚜。

（2）药剂喷雾，3月下旬至4月份，喷施40%乐果乳剂1500倍液或50%辛硫磷乳剂1000倍液，或50%抗蚜威可湿性粉剂3000倍~4000倍液。

（3）保护和利用蚜茧蜂、食蚜蝇、异色瓢虫、草蛉等天敌。

7. 大青叶蝉

（1）合理间作。不间作晚秋作物；

（2）清除园内杂草，减少大青叶蝉的生存环境；9月份喷施2.5%菊脂类农药2000倍液控制成虫上树产卵。

核桃果实采收及采后处理

1. 采收期

核桃采收过早种仁不饱满,含油量和脂肪含量降低，采收过晚会霉变、大量落果，种仁颜色变深，品质下降。核桃成熟标志是青皮由深绿色、绿色逐渐变为黄绿色或浅黄色，容易剥离，80% 果实青皮顶端出现裂缝，10%~20% 青皮开裂时为最佳采收期。

2. 采收方法

采用人工手摘或高枝剪采收，也可用带铁钩的竹竿等长木棒钩取；采果时尽量减少机械损伤，避免伤枝伤芽。采收顺序应由下而上，由外而内顺枝进行；果实采摘放置在阴凉通风处。

3. 脱青皮

（1）人工脱青皮。果实采收后，在 0.3%~0.5% 乙烯利溶液中浸蘸约半分钟，整齐堆放在阴凉通风处，厚度 50~150 厘米，防雨淋，2~3 天后青皮离壳时人工脱皮或机械脱皮。

（2）机械脱青皮。采用转筛式脱皮机、滚筒式脱皮机等脱皮机械进行脱青皮；根据核桃处理需求选择不同规格和类型机械，严格控制机械处理速度和单次处理量，及时清理处理后的核桃青皮。核桃

自然晾晒

机械烘干

坚果破损率应低于5%。

4.清洗

（1）人工清洗。将坚果装筐，放入水池中或流动水中搅洗，及时除去残留在果面上的维管束、烂皮、泥土等杂物；切忌泡洗时间过长，避免果内进水；不可使用任何化学药剂。

（2）机械清洗。脱去青皮的坚果放入清洗机中，用清水冲洗坚果表面，利用滚动轴和毛刷不断搅动刷洗坚果表面，定时换水或使用流水，除去残留在果面上烂皮、泥土和其他污渍；清洗时应避免坚果摩擦过大造成果壳破损和果内进水；切忌泡洗时间过长；不可使用任何化学药剂。

5.干燥

（1）自然干燥。晾晒场地应干净卫生，先摊放在阴凉干燥处晾半天左右，不可直接放在阳光下曝晒，避免果壳开裂，待果壳大部分水分蒸发后再摊晒；摊晒时厚度不超过两层果实，及时翻动；干燥后坚果含水量不超过8%；晾晒时切忌曝晒和雨淋。

（2）烘房干燥。坚果摊放厚度不高于15厘米，避免烘烤不均出现果壳开裂或烤焦；开始时烤房温度25℃~30℃，注意排湿；当烤到四五成干，果壳表面干燥，横膈膜对折可断时，将温度升至35℃~40℃，待坚果七八成干，敲开坚果后果内无水汽，横膈膜变脆可轻易折断时，将温度降至30℃左右直至烘干；果实烘干至壳面无水时即可翻动，越接近干燥，翻动越勤，最后每隔2小时翻动1次；烘干后坚果含水量不超过8%。

（3）机械干燥。使用电热干燥、远红外干燥和热风循环干燥等形式的烘干机干燥，具体操作依具体烘干机械而定；清洗后坚果可自然干燥1~2天后再移至烘干设备中；若遇阴雨天，可将清洗后坚果直接放入烘干设备中烘干；烘干最高温度不高于43℃；烘干后坚果含水量不超过8 %。

6.分级

（1）空壳分选。使用重量分选机或风选机分选出空壳果。

（2）颜色分选。使用色选机或者人工分选出黑斑果。

（3）杂质分选。使用风选机分选出混于核桃中的毛发，褶皮，碎果壳，植物茎、叶等杂质。

核桃坚果丰产指标

1. 早实核桃坚果丰产指标

树龄（年）	平均产量（千克/亩）	
	平　地	缓坡及丘陵地
4	18	15
5	40	30
6	70	50
7	100	75
8	140	100
9	170	130
＞10	＞200	＞150

2. 晚实核桃坚果丰产指标

树龄（年）	平均亩产（千克/亩）
≤7	20
8~10	50
11~15	80
16~20	120
21~25	150
26~30	175
＞30	200

核桃坚果质量等级

1. 质量要求

（1）感官要求

核桃坚果感官要求应符合表 1 规定。

（2）物理指标

表 1　感官要求

项目		特级	一级	二级
感官要求	果形	大小均匀，形状一致，缝合线紧密	大小与形状基本一致，缝合线较紧密	大小与形状基本一致，缝合线不紧密
	品种纯度（%）	≥95	≥90	≥80
	黑斑果率(%)	0.2	≤0.5	≤1
	外壳	自然黄白色或该品种特有正常颜色	自然黄白色或该品种特有正常颜色	基本自然黄白色或黄褐色，或该品种特有较正常颜色
	核仁	饱满，色黄白、涩味淡	较饱满，色黄白、涩味淡	较饱满，色黄白或浅琥珀色，稍涩
	滋味、气味	无霉味等异味		

注：核桃外壳经清水冲洗

核桃坚果物理指标应符合表2规定。

物理指标

项目		特级	一级	二级
物理指标	壳厚(毫米)	0.8~1.5	0.8~1.6	0.5~3.2
	横径(毫米)	≥30.0	≥28.0	≥26.0
	单果重(克)	≥12.0	≥10.0	≥8.0
	取仁难易	极易取整仁	易取整仁	易取半仁
	出仁率(%)	≥50.0	≥45.0	≥40.0
	破损果率(%)（纸箱包装）	≤0.1	≤0.2	≤0.3
	虚果率(%)	0	≤0.5	≤1
	半虚果率(%)	≤1	≤2	≤3
	出油果率(%)	≤0.5	≤1	≤2
	虫果率(%)	≤0.5	≤1	≤2
	含水率(%)	≤8.0		
	霉变率(%)	≤2		
	哈败率(%)	0	≤0.5	≤1

核桃黑斑病

1. 细菌感染病害

褐斑病的发生与湿度密切相关，通常雨季多发。

2. 病害特征

主要危害芽、叶、雄花序、嫩梢和幼果。叶片感病叶脉出现多角形褐斑，外围有水浸状晕圈，严重时病斑连片，叶片变黑脱落；嫩梢感病病斑长形、褐色、多角形，稍凹陷，病斑蔓延呈环切后受害部位以上枝条枯死；花序感病产生黑褐色水渍状病斑；幼果感病初期出现油渍状褐色小斑点，边界不清，凹陷变黑，果实由外向内腐烂至核壳，如果核壳尚未变硬，病菌向内蔓延至种仁，果实变黑腐烂脱落；核壳已经形成的果实感病只限外果皮或最多至中果皮受害变黑腐烂脱落，落果内果皮外露，核仁表面完好，病果出油率降低。

3. 防治方法

（1）农业防治。增施有机肥，合理灌排水，保持通风透光，提高树体抗病能力。

（2）物理防治。结合冬季管理剪除病枝梢及病果，捡净落地病果集中烧毁。

（3）化学防治。由于病菌由皮孔等各种孔口和伤口侵入，及时防虫减少病菌入侵；发病初期喷施90%乙蒜素1500倍液；6~7月喷施1：1：100波尔多液，或30%王铜悬浮剂、或70%甲基硫菌灵超微可湿性粉剂等，每隔10~15天喷1次，连喷2~3次。

核桃腐烂病

核桃腐烂病又称核桃烂皮病，黑水病，真菌感染病害。春季为发病高峰期，管理粗放，土层瘠薄，排水不良，肥水不足，树势衰弱或遭受冻害易感染此病。

1.感病症状

主要危害枝干和树皮，导致树皮呈灰色病斑，水渍状，手指压时流出液体，有酒糟味；后期病斑纵裂，流出大量黑水；病斑上散生许多小黑点，湿度大时从小黑点上涌出橘红色胶质物。主干染病初期症状隐蔽在韧皮部，外表不易看出，当看出症状时皮下病部已达 20~30 厘米以上，流有黏稠状黑水，常糊在树干上。枝条染病表现为失绿，皮层充水与木质部分离，致枝条干枯，产生小黑点；剪锯口处发生明显病斑，沿梢部向下或向另一枝蔓延，环绕一周后形成枯梢。

2.防治方法

（1）农业防治。增施有机肥料，合理修剪，增强树势，提高抗病能力。

（2）物理防治。秋季落叶前对密闭树疏除部分大枝，生长期间疏除下垂枝、老弱枝，恢复树势，对剪锯口用 1% 硫酸铜消毒。

腐烂病

（3）化学防治。春季或生长期发现病斑随时刮治，刮治范围控制到比变色组织大1厘米，略刮去好皮即可；刮后涂抹4~6波美度石硫合剂，或60%腐殖酸钠50倍~75倍液，或3~4厘米厚泥，塑料纸裹紧，刮下病皮集中烧毁。冬季先刮净病斑，再涂刷白涂剂。减少冻害和日灼。开春发芽前、6~7月及9月在主干和主枝中下部喷3~5波美度石硫合剂。

腐烂病

核桃炭疽病

真菌感染病害，具有潜伏期长、发病时间短、爆发性强的特点,以老树发病严重。

1. 感病症状

主要危害果实，也危害嫩芽、枝叶。果实感病：病斑初为褐色，后为黑色，近圆形，略凹陷，中央产生黑色小点，天气潮湿时涌出粉红色物，通常病果有多个病斑，病斑扩大连片后呈暗褐色，随后腐烂变黑，核仁干瘪。芽、嫩枝感病：顶端向下枯萎。叶片感病：呈黄色不规则形病斑，较大病斑中间有黑点组成同心圆，叶片边缘呈现连片焦枯，中小病斑呈现大致的圆形，叶脉两侧呈长条状枯斑，严重时叶片枯黄早落。

2. 防治方法

（1）农业防治。加强栽培管理，合理修剪，保持通风透光，降低湿度，改善环境条件。

（2）物理防治。果实采摘后清园，修剪病枝、捡拾病果并深埋，喷施核桃保果灵稀释600倍预防。

（3）化学防治。6~8月病害感染期每间隔15天喷施15%百菌清可湿性粉剂600倍~800倍液，或50%多菌灵粉800倍液，或70%甲基托布津可湿性粉800倍液，1：0.5：240式波尔多液等防治，遇雨季，可在配制药液中加入助杀灵等黏着剂，以提高药液黏着性。

核桃枝枯病

真菌病害，严重时病枝率达到20%~30%，大量枝条枯死，影响树体发育和核桃产量。

1. 感病症状

枝梢病害，多发生在1~2年生枝条上；病菌侵害幼嫩的短枝，先从顶部开始，逐渐向下蔓延直至主干；感病枝条皮层初期呈暗灰褐，逐渐变成浅红褐或深灰色，棱形或长条形，后期失水凹陷，其上密生红褐色至暗色小点，后造成枝梢部枯死；大枝病部下陷，病死枝干形成许多小黑色突起状颗粒，枝皮失绿变成逐渐干枯开裂，病斑围绕枝条一周，枝干枯死，直至全树死亡，病枝的叶片逐渐变黄脱落。

2. 防治方法

（1）农业防治。加强园地管理，增施有机肥，增强树势，提高抗病力；早春防寒，预防树体受冻，及时防治虫害，避免虫害伤口或机械损伤伤口。

（2）物理防治。剪除病枝深埋或烧毁以减少菌源。

（3）化学防治。主干发病后及时刮除病部，用1%硫酸铜或40%福美胂可湿性粉剂50倍液消毒再涂抹煤焦油保护；雨季到来前至发病高峰期，用70%代森锰锌800倍液连续喷3次，每隔10天1次。

核桃根腐病

根腐病

根腐病

真菌病害，极易感染苗圃核桃幼苗。

1.病害特征

感病树叶片通常失绿而现黄绿，叶片延迟发育，叶形变小、黄化、早落叶，果实明显瘦小；枝条不能发芽、枯死，甚至整株死亡；挖开根系可发现毛细根皮层失去光泽，木质部分发暗、发黄，病害进一步发展使根部发褐腐烂，有的表现为全部根系、有的表现为一部分主侧根死亡；对应的是地上部分同一方向枝叶生长不良，甚至出现枯梢、枯枝，而侧根生长良好的一方向的枝桠生长正常。

2.防治方法

（1）农业防治。苗圃地选择地势高、不积水、沙壤土、土层厚的地方；增加土壤透气性和肥力，可种植紫穗槐、百三叶等绿肥进行土壤翻耕埋青；地势平坦、排水不好的地方挖排水沟。

（2）化学防治。感病较轻病株可挖开表土露出发病主根及毛细根，用0.5%~1%的硫酸铜溶液、根腐灵300倍液或恶霉灵600倍液等浇灌病根，阴晾数小时后用土覆盖好，也可加双吉尔或萘乙酸等生根剂以促进根系恢复生长，施药量树木根系的大小确定，要将全部病根及周围土壤浇透。对已发病死亡病根要从病健交界处锯断后及时挖除，集中烧毁，减少侵染源；土壤表面撒生石灰，每株1~3千克，浅锄与土壤混合。降低土壤酸度，改变病菌土壤生态状况，抑制病菌生长。

核桃膏药病

核桃膏药病也称烂脚癣、黄膏病，真菌病害。轻者枝干生长不良，重者死亡，病原菌常与介壳虫共生。

1. 感病症状

主要危害核桃树干及枝条。主干或枝干分杈处下方和背阳处生成一层厚膜状的圆形或椭圆形菌体，颜色呈紫褐色，边缘呈白色，随后变成灰色，菌膜表面绒状，渐渐变大形成膏药状薄膜，形似膏药故称膏药病。

2. 防治方法

（1）物理防治。结合修剪除去病枝，或刮除病菌的实体和菌膜，喷洒1∶1∶100倍波尔多液，或20%石灰乳。

（2）化学防治。膏药病发病初期，全株喷施30%松脂酸钠水乳剂800倍液，或80%代森锰锌可湿性粉剂800倍液，防效分别达到70%和77%。使用松脂合剂加水（冬季每500克原液加4~5升，春季加水5~6升，夏季加水6~12升）喷施枝干防治蚧壳虫若虫。早春和晚秋对枝干病斑、菌瘤、流胶等细心刮除，刮除时要求纵向多刮3厘米好皮，横向多刮1厘米好皮，深达木质部，然后使用溃腐灵原液或5倍液进行均匀涂抹，病情严重时间隔7天左右再涂抹1次。在萌芽前、果实膨大期（7~8月份）用溃腐灵30倍~60倍液喷施树干。

核桃褐斑病

真菌感染病害；主要危害叶片、嫩梢和果实，引起早期落叶、枯梢、烂果，影响树势和产量。

1. 感病症状

枝梢上病斑呈长椭圆形或不规则形，黑褐色，稍凹陷，边缘褐色，病斑中间常有纵向裂纹，后期病斑上散生许多小黑点，严重时嫩梢枯死；叶片发病后出现圆形或不规则形的小褐斑，较大病斑中间灰白色，小病班黑色或黑褐色，多个病斑连在一起成不规则边缘，病斑周边与健康组织之间有黄绿色过渡带；严重时病斑增大连成大片枯斑。果实上病斑灰褐色，近圆形或不规则形，病斑初期为灰黑色，产生白色小点，后期为白色块状物覆盖整个果实，使果实变为灰白色，采收时变黑腐烂。

2. 防治方法

（1）农业防治。加强栽培管理，进行合理修剪，保持通风透光，降低湿度，改

善园内的环境条件；及时除草松土和剪除枯枝、病枝及僵果，集中烧毁。

（2）物理防治。果实采摘后清园，修剪病枝、捡拾病果并深埋。

（3）化学防治。6~8月病害感染期每间隔15天喷施1次，喷施15%百菌清可湿性粉剂600倍~800倍液，或50%多菌灵粉800倍液、70%甲基托布津可湿性粉 800倍液，或1：0.5：240式波尔多液等杀菌剂。遇雨天可在配制好的药液中加入助杀灵等黏着剂，以提高药液黏着性。

核桃溃疡病

真菌感染病害，核桃溃疡病是一种弱寄生菌引起的，树体受到冻害、日灼等伤害时易被感染。

1. 感病症状

主要危害嫩枝、枝干、果实；枝干感病初期病部呈黑褐色圆形病斑，随着病情扩展呈梭形或长条形病斑，在皮层形成水泡状，破裂后流出淡黄色黏液，遇到空气变为铁锈色。感病后期病部干缩下陷，中央纵裂，病部形成许多小黑点。感病果面形成褐色的近圆形病斑，发生较严重时会导致果实干缩、腐烂、早落，表面产生许多褐色或黑色粒状物。枝干染病后长枝衰弱、枯枝甚至全株死亡。果实感病后导致提早落果，品质下降。

2. 防治方法

（1）农业防治。增施有机肥、合理灌溉、增强树势、提高树体抗病能力。结合修剪剪除病残枝及茂密枝，通风透光，保持园地适宜的温湿度，清洁园地，减少病原体。

（2）化学防治。发病初期用刀刮除或划破病皮，深度达木质部，涂3~5波美度石硫合剂，或1%硫酸铜液，或1/10碱水；或5%~10%甲基托布津或多菌灵油膏。

核桃灰斑病

真菌病害，容易感染苗圃中的核桃幼苗。

1.病害症状

主要为害叶片；病菌引起明显边缘叶斑，病斑圆形，大小3~8毫米，不易扩大。初浅绿色，后变成暗褐色，最后变成灰白色，边缘黑褐色，后期病斑上生出黑色小粒点。病斑发病严重时，每个叶片上可产生许多病斑，在雨水多、湿度大的情况下，病害发生发展迅速造成早期落叶。

2.防治方法

（1）农业防治。加强管理，防止枝叶过密，注意降低园地湿度，可减少侵染。

（2）清除病落叶，烧毁或深埋，以消灭越冬病原。

（3）化学防治。发病初期喷施50%可苯菌灵可湿性粉剂800倍液或50%甲基硫菌灵 · 硫磺悬浮剂900倍液，或65%代森锌可湿性粉剂500倍液，或25%多菌灵可湿性粉剂400倍液防治。

核桃日灼

核桃日灼是高温烈日暴晒引起生理病害，一般在高温季节容易发生。特别干旱缺水，又受强烈日光照射，致使果实温度升高，蒸发消耗的水分过多，果皮细胞遭受高温而灼伤。一般在连续阴雨天气突然放晴，或连续高温晴朗情况下容易发生。

1. 病害特征

核桃日灼通常指果实和嫩枝发生日灼。轻度日灼果皮上出现黄褐色，圆形或梭形有大斑块，较严重时已经造成种仁危害，表现为青皮褐变、硬壳褐变、果仁褐变萎缩。严重日灼时病斑可扩展至果面的一半以上并凹陷，果肉干枯黏在核壳上，引起果实早期脱落。受日灼的枝条半边干枯或全枝干枯。日灼核桃树通常伴有根腐病，同时有根腐病的核桃树容易发生日灼。

2. 防治方法

日灼预防：夏季高温期间定期浇水，降低温度，提高湿度，以调节园内小气候，可减少发病。合理修剪，适度厚留枝叶。冬季树干涂白。出现高温前向果面喷2%石灰乳液，降低果面温度，减轻危害。

日灼发生后补救措施：每100千克公斤水混合1千克水溶肥、200毫升生根剂、200毫升根腐病制剂，将混合液摇匀后对病树进行根基打孔输液，经过连续2~3次输液，核桃树可恢复正常生长。

核桃举肢蛾

核桃举肢蛾又称核桃黑，是专性蛀食核桃果实的害虫。

1.为害特点

以幼虫为害果实，在果皮内打道串食，虫道内充满虫粪，蛀入孔处出现水渍状果胶。初期透明，后期变成琥珀色。被害处果肉食成空洞，果皮变黑，逐渐下陷、干缩，全果被蛀食空则变成黑核桃，脱落或干缩在树枝上。幼虫还蛀食果柄，引起早期落果，影响核桃产量。

2.发生规律

幼虫7~8月为害，当果径2厘米左右时咬破果皮钻入青皮层内为害，幼虫不转果为害，为害期为30~45天。举肢蛾在阴坡、沟谷的园地较严重；管理粗放、树势较弱、较潮湿环境发生较严重。

3.防治方法

（1）农业防治。晚秋至次年春季在树冠外围细致处翻土壤(3厘米厚)，破坏幼虫越冬场所。

（2）物理防治。每年6月上旬至8月上旬幼虫脱果前及时摘除变黑病果，摘拾黑果及时集中销毁或深埋。

（3）化学防治。成虫出土前，树盘覆土2~4厘米或地面撒药，每亩撒杀螟松粉2~3千克。小麦即将收割时为第1次树冠喷药期，每隔10~15天喷1次，连续喷2~3次，药剂交替使用；雨后应及时补喷。药剂可选15%吡虫啉3000~4000倍液，48%乐斯本乳油2000倍液，10%高效氯氢2500倍液。

银杏大蚕蛾

银杏大蚕蛾，又称白果蚕，俗称大白毛虫、核桃楸大蚕蛾，食叶害虫。

1. 为害特点

以幼虫暴食核桃叶片，严重发生时上千条幼虫将整株核桃树叶吃光，仅剩叶脉和青果，致使树冠光秃，幼果因缺乏营养而大量落果，造成结果树绝收，甚至死亡。

2. 发生规律

树叶长出后幼虫从树干向树冠内膛叶片转移，在叶片背面群集为害，随后逐渐向树冠四周叶片扩散取食，5~6月上旬幼虫进入暴食期，当群集幼虫将全树叶片吃光后，幼虫开始下树转移至其它树危害。

3. 防治方法

（1）农业防治。秋冬季结合园地管理，刮除老皮、翘皮，铲除附着卵块，清除核桃树周围的杂草、灌木，树下深翻扩盘，降低虫口密度。

（2）物理防治。6~7月核桃树下拾摘坠叶茧蛹，也可人工摘除树上茧蛹，集中烧毁。7~8月用黑光灯诱杀成虫。

（3）化学防治。4月下旬至5月中旬，幼虫在树冠下层叶背面聚集危害时为最佳防治期，喷施90%敌百虫1500~2 000倍液或25%灭幼脲500倍液，杀虫效果显著。

（4）生物防治。幼虫孵化高峰期用BT（苏云金杆菌微生物杀虫剂）乳剂和等量18%杀虫双水剂混合，稀释600~1000倍喷雾。

核桃扁叶甲

核桃扁叶甲，又称核桃叶甲、金花虫，食叶害虫。

1.为害特点

初孵幼虫有群集性，食量较小，仅食叶肉。幼虫后期食量大增并开始分散危害，不仅取食叶肉，也取食叶脉，甚至叶柄，造成叶片网状或缺刻。严重时将叶全部吃光，仅留主脉，形似火烧，残存的叶脉、叶柄呈黑色进而枯死。

2.发生规律

3月底越冬成虫开始取食叶片，初孵幼虫群集危害，3龄后开始分散取食，可将叶片咬成缺刻。

3.防治方法

（1）农业防治。加强预测预报；清除枯枝、落叶和杂草，及时深埋；对根部树冠范围内土壤细致耕翻，消灭越冬卵。

（2）物理防治。及时摘除集于叶背呈悬蛹状虫蛹，春季刮除树干基部老翘皮烧毁，去除越冬成虫；幼虫群集叶片时摘除虫叶；4~5月成虫上树时用黑光灯诱杀。

（3）化学防治。4~6月喷10%氯氰菊酯2500倍液防治成虫和幼虫，效果显著；大面积严重发生时可喷5%氯氰菊酯乳油3000倍液、2.5%功夫乳油3000倍液等防治。

核桃横沟象

核桃横沟象又称核桃根象甲，蛀干害虫。

1. 为害特点

幼虫初危害时根颈皮层不开裂，开裂后虫粪和树液流出，根颈部有大豆粒大小的成虫羽化孔。受害严重时皮层内多数虫道相连，充满黑褐色粪粒及木屑，被害树皮层纵裂，并流出褐色汁液，轻者树势衰弱、产量下降，重者整株枯死。

2. 发生规律

4月上旬越冬成虫开始取食叶片、嫩枝。5~10月90%幼虫集中表土下5~20厘米根皮层为害，幼虫危害期长，3~11月均能蛀食。

3. 防治方法

（1）农业防治。集中烧毁虫枝、虫果、虫叶，减少虫源。加强综合管理，增强树势，提高抗虫能力。挖树盘杀幼虫，深度5~10厘米之间并在根茎部涂抹杀虫剂，树盘周围喷洒苯氧威等杀虫剂，效果显著。

（2）物理防治。成虫产卵前将根颈部土壤扒开，涂抹石灰浆后进行封土，阻止

横沟象危害状

横沟象幼虫

成虫在根颈产卵，可维持2~3年。冬季挖开根颈泥土，刮去根颈粗皮，在根部灌入人粪尿后封土，杀虫效果显著。冬季结合垦复树盘，挖开根颈泥土，刮去根颈粗皮，降低根部湿度。

（3）化学防治。虫主根率大于50%时，用黄泥5千克+敌敌畏乳油50毫升+牛粪+0.5千克搅成糊状，涂抹于核桃树根茎部，防治第二代幼虫。用林木药效保护剂涂抹根茎部至1.5米以下处。

（4）生物防治。选用1.8%阿维菌素3000-4000倍液，1%苦参碱2000倍液交替使用。

核桃吉丁虫

核桃小吉丁虫又称串皮虫，蛀干害虫。

1.为害特点

以幼虫蛀入2~3年生枝干皮层为害，随虫体增大逐渐深入到皮层和木质部中间危害，隧道成螺旋状，内有褐色虫粪，被害处枝肿大，表皮变为黑褐色，被害枝表现出不同程度的黄叶和落叶现象，大枝脱水干枯，树冠变小，产量下降，严重时全株枯死。

2.发生规律

以幼虫在2~3年被害枝内越冬，每年7月至8月为幼虫危害盛期，成虫钻出枝后取食核桃叶片。

3.防治方法

（1）农业防治。通过深翻改土，增施有机肥，合理间作及整形修剪等综合措施，增强树势，提高抗虫害能力。

（2）物理防治。结合修剪将受害枝条剪除，集中烧毁，消灭虫源；成虫羽化产卵期设置饵木，诱集成虫产卵后及时销毁。

（3）化学防治。虫孔涂抹药剂：7~8月份幼虫危害盛期发现枝条上有月牙状通气孔，随即涂抹2500倍70%吡虫啉液消灭幼虫。6~7月成虫发生期进行树冠、树干药剂喷雾，喷施70%吡虫啉粉剂2500倍液，或2.5%的高效氯氰菊酯1000倍液；7天喷1次，连喷3次。

（4）生物防治。小吉丁虫幼虫期有2种寄生蜂，自然寄生率为16%~56%，释放寄生蜂可有效降低越冬虫口数，减少或减轻虫害。

吉丁虫成虫

芳香木蠹蛾

芳香木蠹蛾为枝干害虫；具有分布广、扩散能力较强、天敌种群数量相对较少、自然死亡率较低、隐蔽性危害等特点，轻者使树体衰弱，重者整株死亡。

1. 为害特点

幼虫在木质部表面蛀成槽状蛀坑，常见10余头或几十头幼虫群集为害，向木质部钻蛀；虫龄增大后分散在树干同段内蛀食，逐渐蛀入髓部，导致木质部与皮层分离，极易剥落。严重时蛀成纵横相连大坑道，在边材处形成宽大蛀槽，排出木屑和虫粪，溢出树液。

2. 发生规律

以幼龄幼虫在树干内及附近土壤内结茧越冬。5月～7月发生，幼虫孵化后，蛀入皮下取食韧皮部和形成层，以后蛀入木质部，幼虫受惊后能分泌一种特异香味。

3. 防治方法

（1）农业防治。伐除被害严重、树势衰弱、主干干枯的树体；土壤翻耕、灌溉、除草，增强树体抗害、抗逆能力。

（2）物理防治。利用成虫趋光性夜间用黑光灯诱杀成虫，也可用人工合成性信息素顺-5-十二碳烯醇乙酸酯等诱杀；及时清理被害枝干，伐除烧毁；撬起根颈皮下部皮层挖杀幼虫。

（3）化学防治。新孵化幼虫用树干连喷2次40%氧化乐果乳油1000倍液或氯氰菊酯3000倍液喷杀。刚蛀入皮下幼虫用氯氰菊酯1000～1500倍液或40%乐果乳油1000倍液喷杀；用40%乐果原液和等量柴油混匀涂抹幼虫蛀孔毒杀。蛀入树干较深幼虫用80%敌百虫30倍液或40%乐果乳油40倍液注入虫孔内外填黄泥毒杀。

（4）生物防治。人工保护和利用啄木鸟等天敌，用1000条/毫升的斯氏属线虫或白疆菌防治幼虫。

核桃长足象

核桃长足象又称核桃果实象、核桃果象甲、核桃长棒象，蛀果害虫。

1.为害特点

以幼虫危害最严重，幼虫在果内取食种仁，造成果皮干枯变黑，果仁发育不全。更为严重是成虫产卵于果实中，造成大量落果，受害较轻导致落果，严重者果实全部脱落。成虫啃食嫩叶，嫩梢及幼果皮，影响果树生长，导致减产。

2.发生规律

4月下旬核桃萌发后成虫开始，取食嫩梢嫩叶；5月中下旬幼虫孵化取食种仁，虫果开始脱落，幼虫随虫果落地后继续果内取食在果内化蛹；6月中旬蛹羽化成成虫，将虫果果壳咬开爬出果外，飞到树上觅食叶梢直至越冬。

3.防治方法

（1）农业防治。集中清除深埋或烧毁杂草、落叶、落果，成虫出土前地面撒施3%克百威并浅耕，消灭越冬成虫。

（2）物理防治。7月初为长足象引起核桃落果集中期，占总落地果量85%~90%，落果多为老熟幼虫或蛹，此期是人工捡拾落果最佳期，捡拾干净后集中处理。

（3）化学防治。成虫出蛰盛期至幼虫孵化盛期是药剂防治关键时期，用50%三硫磷乳剂1000倍液，喷施80%磷胺乳剂1000倍液，或50%辛硫磷乳剂1000倍液，或50%杀螟松乳剂1000倍液等药剂。

（4）生物防治。保护利用双齿多齿蚁、黑带食蚜蝇、蠼螋、黄腹山雀、四声杜鹃等主要天敌以及寄生成虫白僵菌。使用每毫升含孢量2亿的白僵菌液喷雾效果显著。

核桃木橑尺蠖

核桃木橑尺蠖又称大头虫、吊死鬼，食叶害虫，果农称“一扫光”。

1. 为害特点

幼虫对叶片危害严重，具有暴食性。幼虫取食叶尖叶肉，留下叶脉，将叶食成网状，长大后沿叶缘将叶片吃成缺刻或孔洞，或只留叶柄，大发生时，3~5天即可将叶片全部吃光，造成树势衰弱减产，严重影响质量和产量。

2. 发生规律

幼虫爬行快。稍受惊动，即吐丝下垂，可借风力转移危害。幼虫危害期长达30~45天。

3. 防治方法

（1）农业防治。落叶后至结冻前、早春解冻后至羽化前，结合整地在核桃树周围1米内挖蛹，集中处理。

（2）物理防治。5~8 月成虫化蛹期利用成虫趋光性，用黑光灯或堆火诱杀成虫，也可早晨成虫翅受潮湿时扑杀。成虫羽化前翻树盘或树冠下覆地膜阻止成虫出土。

尺蠖（尺蛾）

（3）化学防治。6月上旬幼虫孵化盛期喷90%敌百虫800 倍液、25% 西维因600 倍液、20% 速灭杀丁3000~4000倍液、20 %速灭杀丁乳油2000~3000 倍液、5%氯氰菊酯3000 倍液、50%的辛硫磷乳油2000倍液、50% 杀螟松乳剂800 倍液、50% 辛硫磷乳油1 200 倍液等防治。第1 次施药在发芽初期，第2 次在芽伸长3~5 厘米时为宜。

云斑天牛

天牛危害状

云斑天牛为害状

云斑天牛又称多斑白条天牛、核桃大天牛、铁炮虫，枝干害虫。周期长、危害大，是一种毁灭性核桃害虫。

1. 为害特点

幼虫先在树皮下蛀食皮层、韧皮部，逐渐深入木质，蛀成粗大的纵或斜的隧道，树干被害后流出黑水，从蛀孔排出粪便和木屑，树干被蛀空后全树衰弱或枯死，还易被风吹折。成虫取食叶片和新梢嫩皮。

2. 防治方法

云斑天牛成虫期长防治困难，但成虫产卵槽极其明显。幼虫为害症状也很容易被发现，应以防治产卵槽和幼虫为主。

（1）农业防治。加强土肥水、整形修剪等综合管理，增强树势，提高抗虫力。冬春季挖土晾根，挖开根颈部土壤，刮去根颈粗皮。冬季或初春伐除受害严重虫源树并销毁处理。树干涂白阻隔成虫产卵或杀死树干上幼虫。

（2）物理防治。以新鲜虫粪为目标，撬开皮层用尖端弯成小钩的细铁丝从蛀道插入，钩杀幼虫或蛹。产卵疤痕（产卵槽）或流黑水地方切开树皮，挖出或敲砸虫卵和幼虫。

（3）化学防治。清除排泄孔中虫粪、木屑，挖开根颈部，将50%辛硫磷乳剂200倍液或48%乐斯本乳油300倍液注入虫孔，湿土封口熏杀幼虫；50%杀螟松乳油涂产卵刻槽，点涂范围以刻槽为中心5厘米×5厘米；喷施10%氯氰菊酯乳油3000~4000倍液、或10%吡虫啉可湿性粉剂3000~4000倍液、或20%速灭杀丁乳油3000~4000倍液。

舞毒蛾

舞毒蛾幼虫

舞毒蛾寄生蝇

舞毒蛾又称柿毛虫、秋千毛虫，食叶害虫。

1. 为害特点

以幼虫咬食叶片，亦啃食核桃果皮，具有暴食性，严重时将全树树叶吃光，造成核桃幼果脱落，树势衰弱。

2. 发生规律

4月下旬核桃发芽时上树为害，以5月份为害最重。1龄幼虫日夜群集叶片背面，白天静止不动，夜间活动取食。从2龄幼虫开始，傍晚成群结队上树取食叶片。

3. 防治方法

（1）农业防治。秋冬季清园，铲除杂草，剪除枯枝、残枝、病虫害枝，并集中烧毁。发芽前在树皮裂缝及树下石块附近刮除越冬卵。

（2）物理防治。卵块孵化期长达9个月，卵块常出现在枝梢基部或枝干上易发现，可人工剪除，集中烧毁。利用幼虫白天下树潜伏习性在树下堆石块诱杀。利用初龄幼虫群栖和受惊下垂的习性，人工敲击树体震落幼虫诱杀。成虫发生期用黑光灯诱杀。

（4）化学防治。主干距地面50~100厘米处乱去粗皮，用溴氰菊酯和杀灭菊酯杀涂棒涂药环2圈，或用1.4%乐果乳剂20倍液注入虫孔毒杀；喷施2.5%溴氰菊酯乳油4000~6000倍液或75%辛硫磷乳油2000倍液。

铜绿丽金龟

金龟子危害状

铜绿丽金龟幼虫

1. 为害特点

又称铜绿金龟子、铜绿异丽金龟、青金龟子、淡绿金龟子，食叶害虫。

2. 发生规律

成虫取食叶片，形成不规则的缺刻、孔洞或只留下叶脉和叶柄,常造成大片幼龄核桃叶片残缺不全，甚至全树叶片被吃光。以3龄幼虫食量最大，为害严重期集中在6月至7月上旬，主要为害期40天左右。

3. 防治方法

（1）农业防治。结合中耕除草，清除田边、地堰杂草，闲地块深耕深耙。幼虫在地表土层活动时适期秋耕和春耕，捡拾幼虫销毁处理；不施用未腐熟的秸秆肥。

（2）物理防治。利用成虫假死性，傍晚成虫活动时振动树枝捕杀成虫。利用成虫趋光性，在晚上20:00~23:00时用黑光灯诱杀。结合冬耕翻土整地，捕杀幼虫、蛹和成虫。卵孵盛期灌水防治初龄幼虫。

（3）化学防治。成虫为害期喷施50%杀螟松乳油或50%磷胺乳油800~1000倍液，2~3天喷1次，喷2~3次，防效达75%和60%；2.5 %溴氰菊脂2000~3000倍液喷雾，防效达85%。

（4）生物防治

成虫交尾期用雌虫性激素乳状芽孢杆菌诱杀雄虫，每亩用菌粉0.1千克，均匀撒施使幼虫感病致死。

刺蛾类

绿刺蛾

刺蛾类害虫主要有黄刺蛾、褐边绿刺蛾、褐刺蛾、扁刺蛾等，幼虫又称洋辣子、毛八角、刺毛虫，食叶害虫。

1. 为害特点

幼虫在叶背群集啃食叶肉，形成白色圆形半透明小斑，小斑逐渐连成大斑。大龄幼虫可将叶片吃成很多孔洞、缺刻，严重时将叶片吃光，仅留叶柄、主脉，影响树势和产量。

2. 防治方法

（1）农业防治。结合整枝修剪、除草及冬季清园，清除枝干上、杂草中的越冬虫体，减少虫源。

（2）物理防治。根据不同刺蛾结茧习性，冬春季在树体附近挖土除茧。利用初孵幼虫群集为害习性，摘除虫叶集中销毁。利用黑光灯或频振式杀虫灯诱杀成虫。

（3）化学防治。幼虫发生严重期喷施35% 赛丹 1500 倍液，或 40.7% 毒死蜱1500 倍液，或 2.5% 敌杀死 2000 倍液，或 4.5% 高效氯氰菊酯 2000 倍液，或25% 灭幼脲 3 号 1500 倍液，或 0.3 苦楝素 1000 倍液等药剂防治。

（4）保护利用天敌资源。刺蛾类天敌有上海青蜂、刺蛾广肩小蜂、螳螂、金星步甲和许多有益鸟类，应加以保护利用，充分发挥天敌昆虫的自然控害作用。

蚧壳虫

蚧壳虫

核桃蚧壳虫主要指桑盾蚧，又称桑白蚧，枝干害虫。

1.为害特点

桑盾蚧聚集固定在枝条上为害，其口针插入枝干皮层吸食树体汁液，严重发生时虫口难以计数，介壳形成后，受害枝上裹着白蜡如同冬天的“雪挂”，受害部位的芽、叶和果因养分供应受阻造成干枯甚至死亡。蚧壳虫发生时易诱发膏药病，病害和虫害常混合发生。

2.防治方法

（1）农业防治。深翻土壤，改善土壤条件，增施有机肥料，提高树势。加强修剪，合理分布树体结构，及时剪除病虫枝、干枯枝，集中销毁。树体生长期及时中耕除草和补充氮、磷、钾和微量元素。

（2）物理防治。若虫迁移前悬挂黏虫板和杀虫灯杀死雄虫。发芽前树干和主枝涂林木长效保护剂，侧枝和树冠用松碱合剂、清园剂、石硫合剂等喷洒，每隔 15 天喷洒 1 次，连续 3~4 次。对严重的树干和主枝将蚧壳刷破后再喷药。

（3）化学防治。5 月上中旬、8 月上中旬是是蚧壳虫成虫孵化期、迁移期，也是化学防治最佳时期，喷施 2.5% 高效氯氟氰菊脂乳油 2000~3000 倍液，70% 吡虫啉悬浮剂 2000 倍液 2 次以上。

黄须球小蠹

黄须球小蠹危害状

黄须球小蠹

黄须球小蠹飞翔能力较强，蔓延较快，但食性单一，主要危害核桃、山核桃。食叶、食芽害虫。

1.为害特点

成虫食害新梢的芽，受害严重时整枝或整株芽均被蛀食，造成枝条枯死。该虫常与核桃小吉丁虫混合发生，严重影响结果和生长发育。

2.发生规律

春、秋季为主要危害期，其中春季尤为严重，成虫多危害顶芽，第2芽次之，第3芽较少危害。成虫和幼虫均可在枝条中蛀食，幼虫多在前一年生枝与当年新梢交界处蛀孔危害，受害枝最易在蛀孔处被风折断，造成很大损失。

3.防治方法

（1）农业防治。加强综合管理，增强树势，提高抗虫力。消灭核桃小吉丁和其他病虫害，铲除产卵繁殖场所。

（2）物理防治。根据其在半干枝和干枝上产卵的习性，产卵后至成虫羽化前彻底剪除虫害枝并及时烧毁；春季树体发芽后，彻底剪除没有萌发的虫枝或虫芽；越冬成虫产卵前，在树上挂饵枝引诱成虫产卵后，集中销毁。

（3）化学防治。喷洒25%西维因可湿性粉剂500倍液、或30%毒死蜱400倍液、或50%马拉松乳剂1000倍液、或2.5%溴氰菊酯乳剂4000倍液、或5%啶虫脒1000倍液防治。

核桃缀叶螟

核桃缀叶螟又名木橑粘虫、卷叶虫，食叶害虫。

1. 为害特点

以幼虫卷叶取食为害，7 月末初龄幼虫群居，在叶面吐丝结网，稍长大后由 1 窝分为多个群，把叶片缀在一起，使叶片呈筒形，8 月初卷食复叶，复叶卷的越来越多最后成团状，幼虫在其中食害，并把粪便排在里面，直至食光叶片，影响树势和产量。

2. 发生规律

7 月上中旬开始出现幼虫，7~8 月份为幼虫为害盛期。

3. 防治方法

（1）农业防治。加强综合管理，增强树势，提高抗虫力。

（2）物理防治。土壤封冻前或解冻后，在树根旁或松软土里挖除虫茧。7~8 月份幼虫为害盛期，幼虫多在树冠上部和外围结网卷叶为害，及时剪除受害枝叶，消灭幼虫。

（3）化学防治。七八月幼虫初期喜群居是防治最佳时间，喷施 1% 苦参碱可溶性液剂 1200 倍液，防效达 91%。幼虫为害初期喷施 50% 杀螟硫磷乳油 1000~2000 倍液，或 50% 辛硫磷乳油 1000~2000 倍液，或 90% 晶体敌百虫 800~1000 倍液，或 25% 甲萘威可湿性粉剂 500~800 倍液等，或杀螟杆菌(50 亿/克) 80 倍液喷防治。

核桃缀叶螟幼虫为害状

核桃缀叶螟

大青叶蝉

大青叶蝉

大青叶蝉

大青叶蝉又称浮尘子、大绿浮尘子、大绿叶蝉、青叶跳蝉，枝干害虫。

1.为害特点

大青叶蝉通过刺吸为害枝条和叶片，最大危害是成虫成群结队地在树体当年枝条皮层内产卵，使枝条表皮成月牙状翘起，破坏皮层，造成植株水分大量散失，抗寒能力下降，影响冬芽萌发或整段枯死。大青叶蝉对幼龄核桃树的危害尤其明显，轻者造成树势衰弱，严重时全株死亡。

2.发生规律

春季萌芽时卵孵化为幼虫为害间作物。10月中旬后转移到核桃树上产卵越冬，成虫产卵于树体1~2年生枝条上，产卵器刺破表皮，形成月牙形伤口。成虫有趋光性、趋绿性，常群集为害。

3.防治方法

（1）农业防治。在核桃地行间种植少量大青叶蝉喜食的胡萝卜等矮秆作物以诱杀害虫。10月成虫产卵前在幼树当年生及2年生枝条上涂刷白涂剂，阻止成虫产卵。核桃地中耕压绿或喷除草剂除草。

（2）物理防治。9月中旬至10月成虫产卵时利用黑光灯诱杀。对于必须保留的被害枝梢可用小木棍挤压卵块，消灭越冬卵。

（3）化学防治。9月中旬、4月中旬虫口集中时喷施90%敌百虫晶体、50%辛硫磷乳油1000倍液，每次间隔10天左右，连续2次；虫量较大时可喷施1.2%苦烟乳油800~1000倍液，或6%吡虫啉乳油3000~4000倍液，或5%啶虫脒乳油5000~6000倍液防治。

日本扁叶蜂

日本扁叶峰幼虫为害

日本扁叶峰叶峰幼虫为害

日本扁叶蜂主要危害核桃、枫杨等，食叶害虫。

1.为害特点

幼虫常数头群集叶缘为害。大发生时几乎将树体叶片全部吃光，影响核桃的产量和树木正常生长

2.发生规律

成虫产卵于叶表皮下，单粒散产，每个叶片上产卵7~8 粒。老熟后幼虫入土结茧化蛹，深度一般为 9~13 厘米，蛹期13~18 天。幼虫孵化后常数头群集叶缘，尾部翘起，排列整齐，形似叶缘镶边。

3.防治方法

（1）物理防治。利用幼虫群集叶上的习性，进行人工捕捉幼虫，集中销毁。利用幼虫的假死性，在树下铺塑料薄膜，用震落法，将震落的幼虫集中处理。

（2）化学防治。在幼虫发生期喷施2.5%溴氰菊酯乳剂2000~2500 倍液，或4.5%高效氯氰菊酯乳油1500~2000倍液防治。

（3）生物防治。温度适宜时喷施白僵菌或苏云金杆菌，或25%灭幼脲喷雾防治；林冠盖度在0.6 以上时用苦参烟碱烟剂进行喷施熏杀。保护利用天敌。

核桃黑斑蚜

核桃蚜虫

黄斑诱杀有翅蚜虫

核桃蚜虫又称腻虫、蜜虫，枝干害虫。

1.为害特点

成蚜、若蚜在核桃叶背及幼果上刺吸为害，危害严重区域有蚜株率达90%，有蚜复叶占80%左右。

2.发生规律

以卵在枝杈、叶痕等处的树皮缝中越冬。若蚜寻找膨大树芽或叶片刺吸取食，成蚜1年有2个为害高峰：6月和8月中下旬至9月初。成蚜较活泼，可飞散至邻近树上为害。

3.防治方法

（1）农业防治。结合整形修剪剪除虫枝，结合整地、修树盘清除树下杂草乱石，减少虫源。

（2）物理防治。利用有翅成蚜对黄色有较强趋性的特点进行黄板诱杀，根据树龄及树体高度3~5株树挂1张，悬挂高度为1.5~2米。黄板制作方法：将0.33平方米的塑料薄膜涂成金黄色，再涂1层凡士林或机油。

（3）化学防治。4月初喷施40%乐果乳油1500~2000倍液，或5%蚜虱净乳油1000~1500倍液；6月、8月每复叶蚜虫达50头以上为最佳防治期，可喷施50%抗蚜威可湿性粉剂5000倍液，或20%啶虫脒乳油2500倍液，或40%蚜灭磷乳油1000~1500倍液防治。

（3）生物防治。主要天敌有蚜茧蜂、食蚜蝇、异色瓢虫、草青岭、红蜘蛛；以蚜茧蜂的寄生率最高，可达51 %，应加以保护。

绿尾大蚕蛾

绿尾大蚕蛾幼虫

绿尾大蚕蛾成虫

绿尾大蚕蛾又称水青蛾，是一种间隙性发生的食叶害虫。

1. 为害特点

幼虫食量巨大，大部分时间都在取食，常把枝条的叶片吃光后再转害他枝，甚至全树吃光。造成当年落果，下年减产。

2. 发生规律

幼虫共5龄，1、2龄幼虫群聚为害，3龄分散为害。夏季幼虫在枝条上结长圆球形茧化蛹，越冬代幼虫在树干下部集小群结较扁的茧化蛹。

3. 防治方法

（1）物理防治。冬季清除落叶、杂草，摘除树上虫茧，集中处理。利用成虫白天悬挂枝头等处静止不动的习性捕杀成虫。低龄期及时摘除幼虫团，老熟幼虫期根据地面黑色粗大虫粪寻找幼虫捕杀。成虫盛期利用黑光灯诱蛾灭杀。

（2）化学防治。5月下旬至6月中旬、8月中下旬幼虫发生期喷施90%敌百虫800~1000倍液，或2.5%敌杀死200~300倍液，或80%敌敌畏乳油1500倍液防治。

（3）生物防治。保护和利用主要天敌赤眼蜂。

核桃潜叶蛾

核桃潜叶蛾又称夹板虫、地图虫等，为蛀叶害虫。

1. 为害特点

成虫产卵于嫩梢或者叶脉边缘，幼虫潜入叶片正面，主要取食核桃的叶肉，在叶片上下表皮之间一边取食一边钻入叶肉中，早期形成弯曲的银白色虫道。幼虫暴食期集中取食，使表皮与叶肉形成片状分离，排泄物呈黑色颗粒状，集中堆积在虫道的一边。为害后期叶片受害部位卷曲，干枯，变黄脱落。

2. 发生规律

五月上旬出现初龄幼虫，6~7月是幼虫盛发期，也是为害最为严重时期，占总量75%以上。8月后老熟幼虫在土壤中化蛹，9月后蛹在土壤中过冬。来年的4月中旬羽化为成虫并产卵，5月后孵化成幼虫开始新的一轮为害。

3. 防治方法

（1）农业防治。加强检疫，严禁从疫区调入核桃苗。在为害严重基地不间作瓜类、茄果类、豆类；及时清园，把为害枝叶集中深埋烧毁。

（2）物理防治。采用灭蝇纸诱杀成虫，在成虫始盛期至盛末期，每亩置15个诱杀点，每个点放置1张诱蝇纸诱杀成虫，3~4天更换一次。

（3）化学防治。成虫羽化盛期喷施5%卡死克乳油2000倍液，或5%锐劲特悬浮剂1500倍液。低龄幼虫盛期喷施50%潜蝇灵可湿性粉剂2000~3000倍液，或75%潜克可湿性粉剂5000~8000倍液，5~7天防治1次，连续防治2~3次。天敌发生高峰期，宜选用1%杀虫素1500倍液或0.6%灭虫灵乳油1000倍液喷施。

（4）生物防控。保护和利用释放姬小蜂、反颚茧蜂、潜叶蜂等天敌。

桃蛀螟

桃蛀螟又称桃蛀虫、桃食心虫、桃蛀野螟、桃实螟，蛀果害虫。

1.为害特点

幼虫蛀入核桃外果皮内，外表留有蛀孔。果实受害后从蛀孔流出黄褐色透明胶汁，常与幼虫排出的黑褐色粪便混在一起，黏附于果面。桃蛀螟幼虫有任意转果危害的习性，1头幼虫蛀毁3~8粒果实。

2.发生规律

桃蛀螟成虫4月中旬出现，8月中旬飞到核桃树果实上产卵，卵散产于果实赤道部、果蒂等处。8月下旬初孵幼虫开始蛀食危害果实，幼虫危害期一直持续到9月中旬果实成熟采摘结束。

3.防治方法

（1）农业防治。及时清除虫害落果、自然落果、果皮、枯枝落叶及田间杂草，集中烧毁。冬季刮除树皮上虫卵，树干涂白，耕翻园地。冬季修剪疏除过密枝、细弱枝、交叉枝，培养通风透光树冠。

（2）物理防治。在集中区域装设黑光灯，或用糖醋液诱杀成虫。捡拾落果，摘除虫果，集中深埋以消灭幼虫。

（3）化学防治。幼虫最佳防治时期是8月下旬至9月上中旬，每隔10天喷药1次，连续3次。药剂交替使用如高效低毒的菊酯类以及50%杀螟松1000倍液，或40%乐果1200~1500倍液、或50%辛硫磷1000倍液喷雾防治。采摘果实前1个月禁止使用农药。

桃蛀螟幼虫